Lebendige Sprache
Experimentalphonetische Untersuchungen
herausgegeben von *Wilhelm Horn* und *Kurt Ketterer* / Heft 1

# Intonation und Lautgebung
## in der englischen Aussprache des Prof. Daniel Jones

Von
Hans Krause

Mit 103 Tafeln

Walter de Gruyter & Co.
vormals G. J. Göschen'sche Verlagshandlung — J. Guttentag, Verlagsbuchhandlung — Georg Reimer — Karl J. Trübner — Veit & Comp.
Berlin 1938

D 12
Archiv-Nr. 43 20 38
Druck von Walter de Gruyter & Co., Berlin W 35
Printed in Germany

# Zur Einführung

Die vorliegende Untersuchung eröffnet eine neue Schriftenreihe, die sich die Aufgabe stellt, die Sprachwissenschaft mit Hilfe der Experimentalphonetik zu fördern. Die neuen elektrographischen Methoden der Experimentalphonetik ermöglichen es uns, die lebende Sprache genau und objektiv zu erfassen, sozusagen zu mikroskopieren. Es ist ein wesentlicher Grundsatz der neueren Sprachwissenschaft, die Erfahrungen, die man an der Sprache der Gegenwart macht, für die Beurteilung früherer Sprachstufen zu verwerten. Mit diesem Grundsatz wollen unsere Untersuchungen vollen Ernst machen. Nur in der Gegenwart haben wir wirkliche Sprache. Mit ihrer planmäßigen Erforschung muß die Sprachwissenschaft beginnen und dabei die genauesten Untersuchungsmethoden anwenden, die die Naturwissenschaft darbietet. Von der festen Grundlage der Gegenwart aus kann man dann die sprachgeschichtliche Untersuchung mit größerer Sicherheit in Angriff nehmen. Wir versprechen uns von dieser Methode eine Verlebendigung der sprachgeschichtlichen Forschung.

Unsere experimentalphonetischen Untersuchungen werden ausgeführt in der dem Englischen Seminar der Universität Berlin angegliederten „Abteilung für die Erforschung der lebenden Sprache" unter Leitung von W. Horn. Die Studierenden werden planmäßig in die Experimentalphonetik eingeführt von K. Ketterer unter Mithilfe von naturwissenschaftlichen Fachleuten, von denen M. H. Fischer, M. Grützmacher und F. Trendelenburg hervorzuheben sind.

Die Untersuchungen werden zunächst an der englischen Sprache durchgeführt, und zwar an der Hochsprache und an Mundarten. Gegenstand der einzelnen Untersuchung ist die Sprache einzelner Sprecher. Die einzelne Untersuchung kann natürlich nur etwas aussagen über die Sprache ihres einzelnen Sprechers. Ergebnisse von allgemeinerer Geltung werden sich erst durch die Vergleichung der Sprache verschiedener Sprecher herausstellen. Die einzelnen Arbeiten werden übrigens meistens — über die von ihnen behandelten Probleme hinaus — mit experimentalphonetischen Methoden untersuchten Sprachstoff bieten, der auch für andere Probleme ausgewertet werden kann.

Die Schriftenreihe soll nicht auf Arbeiten aus dem Gebiet der englischen Sprache eingeschränkt sein. Die deutschen Mundarten sollen starke Beachtung finden, und eine umfangreiche Untersuchung (Experimentelle Dialektgeographie des Alemannischen von K. Ketterer) soll schon bald veröffentlicht werden. Auch andere Sprachen werden in der Schriftenreihe vertreten sein.

Wilhelm Horn Kurt Ketterer

# Inhalts-Übersicht

# Vorwort

Das Material für die vorliegenden Untersuchungen bilden vier von den Schallplatten, auf die Prof. Daniel Jones im Jahre 1933 den gesamten Text seiner „Phonetic Readings“[1]) gesprochen hat. Für die experimentalphonetische Auswertung wurden folgende Erzählungen ausgewählt, die mit ihrer Nummer in den „Phonetic Readings“ angeführt sind:

| | | | |
|---|---|---|---|
| 1 | The Dog in the Manger | 24 | The Sensible Wild Boar |
| 2 | The Traveller and his Dog | 27 | Tit for Tat |
| 3 | A Practical Lesson | 30 | The Dog and the Pig |
| 4 | A Lesson in Faith | 31 | Wasting Time |
| 20 | Where to cut the Cheese | | |

Die Schallplatten sind erschienen bei Otto Sperling, Zentralstelle für das phonographische Unterrichtswesen, Stuttgart, Eberhardstr. 10. Die genannten Erzählungen verteilen sich auf folgende Platten[2]):

| | | | |
|---|---|---|---|
| Stück 1—4: | Best.-Nr. 3637 | Stück 27: | Best.-Nr. 3640 |
| „ 20, 24: | „ „ 3639 | „ 30, 31: | „ „ 3641 |

Die Gesamt-Sprechdauer des untersuchten Textes beträgt $7^1/_2$ Minuten.

Zur Durchführung der Messungen wurden die Schallplatten in unserm Institut von Dr. Ketterer mit dem von ihm konstruierten elektromagnetischen Schreiber auf berußtes Papier abgeschrieben[3]).

Die Zeichen der phonetischen Umschrift entsprechen dem an unserm Institut gebräuchlichen System, das in folgenden Fällen von dem der „International Phonetic Association“ abweicht:

| | | | |
|---|---|---|---|
| *þ* (thing) | a [palatal] | *ǫ:* (all) | *ę̄ə* (there) |
| *đ* (then) | *a* [velar] | *ɜ:* (first) | *ǫə* (more) |
| *š* (shame) | *ǫ* (not) | *oi* (boy) | *χ* („ach“) |
| *ž* (pleasure) | *ɒ* [fast zum *a* gesenktes *ǫ*] | | |

---

[1]) s. Literaturverzeichnis Nr. 16.

[2]) Die Platten sind nach dem modernen, elektrischen Verfahren aufgenommen und nicht mit einer älteren Reihe zu verwechseln, die ebenfalls den von Jones gesprochenen Text der Phonetic Readings enthält, aber 1910 oder 1911 und mit dem alten akustischen Verfahren hergestellt wurde.

[3]) Das Verfahren ist in den Aufsätzen Nr. 17, 19, 21, 22 des Literaturverzeichnisses eingehend dargestellt.

| | |
|---|---|
| ‚ = „offene" Aussprache eines Vokals | : = historische Länge (nur bei Gegenüberstellungen mit der entspr. Kürze verwendet) |
| . = geschlossene Aussprache eines Vokals | / = Sprechtakt-Ende |
| ̠ = stimmhaft | |
| ₒ = stimmlos | |

## Abkürzungen

cs = Hundertstel-Sekunde
Hz = Hertz (Schwingungen in der Sekunde)
L. = Literaturverzeichnis
n. = numerus, Anzahl der Fälle (auf den Zeichnungen, Gegensatz zu „%")
T. = Tafel
$\varphi$ = Viertelton. — Die Vierteltöne sind fortlaufend numeriert. Ausgangspunkt ist ein Ton von 16 Hz als Viertelton Nr. 0 (Vgl. L. 55.)
W. = Wortnummer. — Das betr. Wort in seiner Stellung im Satzzusammenhang ist aus dem Gesamttext Tafel 40—103 zu ersehen.

# Text der untersuchten Schallplatten[1]

## THE DOG IN THE MANGER

A bad-tempered dog one day found his way into a manger, and found it so nice and comfortable that he made up his mind to stop there. Whenever the cattle came near to eat their hay, he growled and barked at them to frighten them off. "What a very selfish dog!" exclaimed one of the oxen; "he can't eat the hay himself, and he won't let us eat who can."

## THE TRAVELLER AND HIS DOG

A traveller was just going to start on a journey, when he saw his dog standing at the door, and stretching himself. „Come along, you lazy dog," he said; "what are you waiting here for?" The dog wagged his tail, and said, "I was only waiting for you, master."

## A PRACTICAL LESSON

Dr. John Brown, the famous biblical scholar, was familiar with both the ups and downs of life. On one occasion, when his funds were very low, he went into a shop to purchase a halfpennyworth of cheese. The shopman protested that he was unable to cut such a small quantity. "Then what is the smallest quantity you can cut?" inquired the doctor. "A pennyworth," replied the grocer, and he instantly set about weighing some to that value. When he had weighed it, he placed it on the counter expecting his customer to pay the penny. "Now," said the doctor, taking up the knife, "I will show you how to sell a halfpennyworth." So he cut the piece of cheese in two, took up one half, paid his halfpenny, and walked out of the shop.

## A LESSON IN FAITH

A foolish young fellow once astonished an old clergyman by boasting that he did not believe in anything he could not see and understand.

"Do you believe there is such a country as France?" inquired the clergyman. "Yes," said he, "for though I have never seen it, I know others who have." "Then you refuse to believe in anything that you or others have not seen?" "Most certainly," said the youth. "Did you ever see your own

[1]) Aus der 21. Aufl. der 'Phonetic Readings', Heidelberg 1934 (C. Winter).

brains?" "Of course not." "Do you know anybody who has seen them?" "No." "Do you think you have got any?" The young man had to acknowledge himself fairly caught.

## WHERE TO CUT THE CHEESE

Garrick, the famous actor, was once dining in company with a few friends. A large uncut Cheshire cheese was set before him to carve. Garrick asked the host where he should cut it. "Anywhere you like," was the answer. Garrick thereupon handed the cheese to his servant, and told him to carry it to his house, observing: "Then with your permission I will cut it at home."

## THE SENSIBLE WILD BOAR

A fox one day found a wild boar sharpening his tusks on the trunk of a tree. "What are you sharpening your tusks for?" said the fox; "there is no sign of any huntsman or hound." "My dear friend," said the wild boar, "it would never do for me to be sharpening my weapons when I ought to be using them."

## TIT FOR TAT

A boy bought a twopenny loaf at a baker's. It struck him that it was much smaller than usual, so he said to the baker, "I don't believe this loaf is the right weight." "Oh, never mind," answered the baker, "you'll have the less to carry." "Quite right," said the boy, and put three-halfpence on the counter. Just as he was leaving the shop the baker called out to him, "I say, Tommy! you haven't given me the price of the loaf." "Oh, never mind," said the boy, "you'll have the less to count."

## THE DOG AND THE PIG

A dog and a pig were once together on board a vessel which was bound on a long voyage. They soon became very good friends and would eat out of the same dish. But there was one thing that occasionally spoiled their friendship for a short time. The dog had a comfortable kennel to sleep in, while the unfortunate pig had to spend the night on the cold deck. So the pig made a habit of getting into the kennel at dusk. If he got in before the dog, he could not be turned out; but if the dog got in first, the pig had to spend the night on deck as before.

One night when the weather was very cold and wet, the pig thought he would make for the kennel in good time, so as to ensure having a comfortable bed. He found, however, to his disgust, that the same thought had occurred to the dog, who was already lying fast asleep in the kennel. So he set his wits to work, and formed a plan. He took the dish out of which they ate their meals, and placed it near the kennel; he then turned his back to the dog and made a noise as if he were eating. This awoke the dog, who listened for a minute or two, and then, feeling hungry, thought he would come out and share the supper. The pig at once rushed into the kennel, and left his friend outside with the empty dish.

## WASTING TIME

One day a grand post office official happened to be passing through one of the small offices connected with the department. There he saw a man standing before the fire reading a newspaper. An hour or so afterwards, returning by the same way, he was shocked to find the same man occupied in the same manner.

"What are you supposed to be doing, sir?" said the indignant official.

"Can't you see what I'm doing?" said the man.

"I know that I came through this room over an hour ago and saw you reading the paper. I return and find you reading still."

"You state the case quite accurately," was the polite reply.

"What is your name, sir?" demanded the official, becoming angry.

"Well," said the other, "I don't know that my name is any concern of yours; what is your name?"

"Sir," said he "I would have you know that I am head of a department in the General Post Office."

"Indeed," was the reply, "I am very glad to hear it. I am simply one of the British public, and have been kept here waiting for two hours for an answer to a very simple question. I shall be much obliged if you will use your influence to get me a little attention."

# I. Quantität der Vokale

(Wortlisten Tafel 24—28)

## Historische Längen und Kürzen

Die Unterscheidung von langen und kurzen Vokalen hat sich in der Sprachgeschichte als notwendig erwiesen, um auseinandergehende Entwicklungen zu erklären, welche Vokale gleicher Klangfarbe in der Geschichte ein und derselben Sprache erfahren haben.

Quantitative Unterschiede sind von jeher bei den Vokalen in der literarischen und orthoepischen Aufzeichnung fast aller Sprachen zum Ausdruck gebracht worden. Physiologisch liegt in beiden Fällen eine wesentlich verschiedene Aufgabe für den Sprecher vor, bedingt durch den Unterschied der zur Ausführung der Artikulationsbewegungen verfügbaren Zeit. Melodie- und Druckänderung der beiden Klassen sind grundsätzlich verschieden.

In dem Augenblick, wo man von der relativen, bewußtseinsmäßigen Kontrastierung der beiden Klassen zu einer objektiven Messung ihrer Dauer in Zentisekunden übergehen konnte, erhob sich die Frage, wieweit den bisher überall gehörten und aufgezeichneten Unterschieden objektive zeitliche Unterschiede in den aufgezeichneten Schwingungsbildern zugrunde liegen.

Besonders eingehend hat der verdiente Phonetiker E. A. Meyer die Frage mit den anspruchslosen Mitteln der pneumatisch-mechanischen Registriermethoden untersucht. Er hält sich dabei, um absolute Gleichheit der Voraussetzungen zu schaffen, an isoliert gesprochene Wörter. Er fand, daß z. B. historisch kurze Vokale vor *d* stets länger sind als die entsprechenden langen vor *t*; aber vor derselben Konsonanz zeigt sich sofort, daß zwar der Geltungsbereich sämtlicher Kürzen und der sämtlicher Längen sich ein Stück überschneiden, daß aber die unteren Werte der kurzen Vokale nicht von den langen und die oberen Werte der langen nicht von den kurzen erreicht werden. Nach Meyer können also die umgebenden Konsonanten die historisch geforderten Quantitätsunterschiede verwischen. Daß sie im Bewußtsein des Sprechenden trotzdem mit eine Rolle spielen, tritt sofort zutage, wenn alle übrigen Voraussetzungen gleichgemacht werden.

Dasselbe Problem ist fürs Alemannische von Ketterer in seiner Arbeit „Vokalquantität in der Mundart von Lenzkirch" (L. 18) behandelt worden. In dieser Mundart findet sich ein dauernder Wechsel von Längen und Kürzen in demselben Wort und sogar unter denselben satzphonetischen Bedingungen. Der Verfasser weist nach, daß die zahlreichen spontanen Dehnungen des Alemannischen auf das Gefühl und spontane Kürzungen auf willensmäßige Erregung zurückgehen. Die Arbeit liefert also den für jede Quantitätsuntersuchung grundsätzlich wichtigen Beweis, daß eine einheitliche Weiterbildung irgendeines historisch gegebenen Quantitätssystems überhaupt nicht zu erwarten ist, daß vielmehr die ganze Quantitätsentwicklung einer Sprache nur in gesonderter Betrachtung einzelner psychologisch abgegrenzter Bezirke durchgeführt werden kann.

Die vorliegende Arbeit verwendet die neuen Möglichkeiten der Untersuchung, die inzwischen dem Linguisten durch die Fortschritte der Elektroakustik an die Hand gegeben worden sind. Das Problem, um das es sich handelt, wird im Satzzusammenhang und unter Heranziehung der Melodiekurven untersucht. Ausgehend von der richtigen Erkenntnis E. A. Meyers wird versucht, die Bedingungen ausfindig zu machen, unter denen die historischen Quantitätsunterscheidungen sich bei der Steuerung des Sprechmechanismus durchsetzen, bzw. nicht durchsetzen. Zu diesem Zweck ist der Einfluß der Umgebung und Akzentuierung an unserm Material im einzelnen geprüft worden. Es stand für die Betrachtung, je weiter die Spezialisierung der Voraussetzungen getrieben wurde, naturgemäß eine immer kleiner werdende Anzahl von Fällen zur Verfügung. Trotzdem ergaben sich klare Gesetzmäßigkeiten. Gerade die geringe Anzahl von Belegen und die in allen Fällen zu erkennende Gesetzmäßigkeit beweisen, daß die betreffenden Erscheinungen nicht nach dem Gesetz des Zufalls schwanken und eine Anwendung derjenigen statistischen Methoden überflüssig ist, welche für den Fall geschaffen worden sind, daß eine ratio hinter den Erscheinungen nicht existiert.

Um die Gefahr unberechtigter Verallgemeinerung von Zufallsergebnissen auszuschalten, wurde die Frage der Quantitätsgestaltung von verschiedenen Mitarbeitern unseres Instituts an verschiedenen englischen Sprechern geprüft. Alle diese Untersuchungen ergaben dieselben Gesetze nahezu unabhängig von der Anzahl der herangezogenen Fälle.

Tafel I. — Die Abbildung zeigt den Quantitätsbereich des gesamten Wortmaterials ohne irgendwelche rhythmische, lautphysiologische und psychologische Spezialisierung der Voraussetzungen. Schon jetzt ist deutlich der Unterschied der beiden Klassen zu erkennen. Die Mindestwerte der Kürzen werden nie von den Mindestwerten der Längen erreicht, die Höchstwerte der Kürzen sind von den Höchstwerten der Längen getrennt. Eine Ausnahme bildet in dieser Zusammenstellung nur das *æ* in Bezug auf die Lage seines Maximums.

Psychologische Spezialisierung. Unter der Voraussetzung, daß die stark nach unten greifende und dann steigende Tonbewegung emotionellen Charakter hat, wie dies übrigens im Alemannischen von Ketterer bereits nachgewiesen ist, erklärt sich die Tatsache ihrer stark dehnenden Wirkung auf die Vokale und damit die Durchbrechung des Gegensatzes von Längen und Kürzen in der Sprache von Jones beim *æ*: Die über 19 cs langen Fälle haben ausnahmslos fallend-steigenden Akzent. In Verbindung mit der Stellung am Sprechtaktende verschuldet die dehnende Wirkung dieses Akzentes auch die hohen Quantitäten der Spitzenwerte des *ǫ*, z. B. in „dog". Vgl. die Wortliste Taf. 26.

Zusammenfassung. Nach Ausscheidung weniger emotional gedehnter Fälle ist jetzt schon klar: Die historischen Kürzen und Längen im Englischen sind zwar nicht im Einzelfall, wohl aber bei Betrachtung ihrer Gesamtheit einander als Gruppen im Sprachbewußtsein entgegengesetzt.

Da eine Abhängigkeit der Quantität von dem folgenden Konsonanten in der Art, daß etwa Kürze vor stimmlosen und Länge vor stimmhaften Lauten durchweg eintritt, im Englischen nicht vorhanden ist, so ist hiermit schon allein die Wirksamkeit des Quantitätsprinzips als spontanen Faktors im Sprachbewußtsein nachgewiesen.

Tafel 2. — Es sind die Vokale in lexikalisch gedeckter Stellung im Satzinnern und am Sprechtaktende zusammengefaßt, und zwar ist (nach E. A. Meyer) jedesmal die Schwankungsbreite aller Kürzen bzw. Längen zusammengenommen verzeichnet, d. h. es ist der Abstand zwischen dem kleinsten Minimum und dem größten Maximum für die kurzen und langen Vokale gegenübergestellt. Im Satzinnern wurden keine satzphonetischen Bedingungen unterschieden. Die Wortliste (Taf. 24—28) läßt die dehnende Wirkung der Stellung am Sprechtaktende (bezeichnet durch das Zeichen /, z. B. „pig/") erkennen.

Die Tafel 2 bietet das überraschende Ergebnis, daß die Bereiche, in denen sich die Quantitätswerte der Längen und Kürzen überschneiden, meistens kleiner sind als diejenigen, wo dies nicht der Fall ist. Die Ausnahme „man" ist teilweise bereits durch Heranziehung des psychologischen Momentes ausgeschaltet. Trotzdem bleibt für die Entwicklung vor Nasal eine ausgesprochene Sonderstellung.

Tafel 3—4. — Während auf der vorhergehenden Tafel Unterschiede der Klangfarbe der Vokale nicht gemacht wurden, soll in den folgenden Zusammenstellungen der Einfluß der Konsonanten u. a. nach jedem einzelnen Vokal dargestellt werden. Vorausgeschickt wird auf der vorliegenden Tafel die Zusammenstellung solcher Fälle, die im Neuenglischen annähernd gleiche Klangfarbe, aber verschiedene historische Quantität besitzen, nämlich einerseits das kurze *i̧* (z. B. in „bit") im Vergleich zum langen *i:* (in „beat"), andrerseits das kurze *ǫ* (in „shop") im Vergleich zum langen *ǫ:* (etwa in „all"), und zwar wird die Entwicklung dieser Laute vor gleicher Konsonanz betrachtet[1]).

Die Zusammenstellung ist in vier übereinanderliegenden Diagrammen geordnet. Unter I sind lexikalisch einsilbige Wörter, unter II zweisilbige vom Typus *áta* aufgezeichnet. (Vgl. dazu die Wortliste Taf. 24, 26). Natürlich muß damit gerechnet werden, daß einzelne Quantitätswerte infolge der geringen Anzahl der Fälle nicht vertreten sind. Die Tendenz ist jedenfalls klar: Die Länge ist von der Kürze noch schärfer getrennt als auf Tafel 2, bei welcher die Qualität der Vokale nicht berücksichtigt war.

## Einfluß des folgenden Konsonanten und der Stellung

Tafel 5—7. — Für jeden einzelnen Vokal sind seine Quantitäten vor stimmhaften und vor stimmlosen Lauten getrennt aufgezeichnet. Das Wortmaterial ist in den Wortlisten Taf. 24—28 nachzusehen. Die Zweiteilung der Diagramme beruht auf der Unterscheidung von Beispielen im Satzinnern und am Sprechtaktende.

Der dehnende Einfluß der stimmhaften, der verkürzende Einfluß der stimmlosen Konsonanten tritt in beiden Stellungen ausnahmslos hervor; desgleichen notieren wir einen wesentlichen Quantitätszuwachs am betonten Sprechtaktende. In Bezug auf die Akzentuierung dieser Fälle beobachten wir sämtliche am Sprechtaktende vorkommenden Typen der Silbenmelodie; besonders stark sind die Dehnungen bei fallend-steigender Tonbewegung. (Vgl. die Zusammenstellung auf Taf. 11).

Die historisch langen Vokale und die Diphthonge kommen auch ungedeckt am absoluten Ende der Atemgruppe vor. In dieser Stellung treten sie meist sehr lang auf. Die Quantitätsmaxima 35—43 cs werden nur von diesen Fällen gestellt.

## Eigendauer der Vokale

Tafel 8—11. — Das von E. A. Meyer entdeckte Gesetz der Vokaleigendauer besagt: Je höher bei sonst gleichen Bedingungen die Zungenstellung eines Vokals, desto kürzer seine Dauer.

Die Quantitäten der palatalen Vokale *i*, *e*, *æ*, sowie anschließend der velaren Vokale *u*, *o* und *o:*, *a:* wurden in gewohnter Weise verglichen. Trotz des knappen Materials, das noch dazu in keiner Weise isoliert ist, sondern

[1]) *u̧* und *u:* konnten aus Mangel an Belegen nicht verglichen werden.

aus dem natürlichen Zusammenhang gebundener Rede stammt, setzt sich die von E. A. Meyer beobachtete Tendenz fast überall durch.

Durchbrochen wird auch dieses Gesetz durch psychologische Momente. Das *e* vor stimmhafter Explosiva in einsilbigen Wörtern ist im Durchschnitt kürzer als *i* unter denselben Bedingungen. Die Heranziehung der Wortliste Taf. 24 gibt die Aufklärung: Der Vokal stammt in 8 von 11 Fällen aus dem Worte „said", und zwar in Atemgruppen, die unter den Begriff der Parenthese fallen; die Parenthese aber nimmt rhythmisch-melodisch, wie in verschiedenen Arbeiten unseres Instituts beobachtet wurde, eine Sonderstellung ein. Sie hat schnelleres Sprechtempo, kleinere Silbenintervalle und einen im wesentlichen abfallenden Silbenakzent. Auf dieser Grundlage ist die quantitative Sonderbehandlung des *e* in „said" zu verstehen. Die phonetischen Eigentümlichkeiten der Parenthese werden als Ganzes verständlich, wenn wir sie als sprachliche Äußerung von verminderter Aktualität für den Sprechenden auffassen.

Durch verstärkte Aktualität der Vorstellung, welche ein bestimmter Wortkörper wiedergibt, ist die Durchbrechung der Eigendauertendenz nach der positiven Richtung zu deuten, wie sie z. B. vorliegt in dem Satz: „I don't know that my name is any concern of y o u r s" (W. 998—1008). Hier handelt es sich nicht um energische, sondern um nachdrückliche Hervorhebung.

Die Diphthonge gehorchen gleichfalls dem Meyerschen Gesetz[1]) — insofern die Gesamtdauer von Kombinationen, welche höhere Vokale enthalten, nachweisbar kleiner ist als bei Verbindungen von *i* bzw. *u* mit Vokalen niedrigerer Zungenstellung. Vgl. die Gegenüberstellungen von *ei* und *ai*, *ou* und *au* auf Tafel 10—11. Das Wortmaterial findet man in der Wortliste Taf. 27.

---

[1]) In Band I seiner 'Modern English Grammar' (L. 12) bringt Jespersen das Eigendauergesetz mit einer Reihe von Beobachtungen der Sprachgeschichte in Zusammenhang, die bisher merkwürdige Unregelmäßigkeiten darzustellen schienen. Vgl. den zusammenfassenden Paragraphen 4. 14.

# II. Quantität der Konsonanten

(Wortlisten Tafel 29—36)

### Stimmhafte und stimmlose Konsonanten

Tafel 12. — Die Zusammenstellung enthält einen Gesamtüberblick über die Schwankungsbreite der Quantitätswerte und die Häufigkeit des Vorkommens der Einzelwerte ohne jede sonstige Unterscheidung satzphonetischen Charakters [1]).

Wir stellen fest, daß (ähnlich wie bei den Vokalen) die sogenannten stimmhaften Medien *b d g* im Vergleich zu *p t k* getrennte Maxima und Minima haben, daß aber im übrigen die Bereiche sich weitgehend überschneiden. Betrachtet man die Stellen, an denen sich die einzelnen Quantitätswerte häufen, so fällt auf, daß diese Stellen bei den stimmlosen Konsonanten durchweg höher liegen als bei den stimmhaften, daß also die Überschneidung praktisch keine große Rolle spielt. Wir beobachten ferner einen grundsätzlichen Unterschied zwischen Verschluß- und Reibelauten. Die Überschneidungszone zwischen stimmhaften und stimmlosen ist bei den Reibelauten wesentlich schmaler als in den andern Fällen.

Tafel 13a. — Die Abbildung zeigt die quantitative Trennung der beiden Klassen auch in den absoluten Werten noch schärfer entwickelt. Eine auffallende Ausnahme stellt die stimmhafte Media *d* dar, die wesentlich länger ist als *b* und *g*, mithin stärkeren Druck zu haben scheint. Es sei in diesem Zusammenhang daran erinnert, daß die dentale Media auch in deutschen Mundarten häufig in ihrer Entwicklung von *b* und *g* getrennt wird und durchweg stärkere Formen annimmt.

Tafel 13b. — Die stimmhaften und stimmlosen Konsonanten sind, wie man gewöhnlich sagt, in ihrer Stellung „nach betonter Silbe" aufgeführt. Diese Ausdrucksweise ist etwas ungenau, insofern diese Konsonanten — wenn sie nicht Geminaten darstellen — tatsächlich zur folgenden, mehr oder weniger druckschwachen Silbe „gehören", d. h. demselben Silbenstoß zugeordnet sind wie der Vokal der druckschwachen Silbe. In dieser Stellung ergibt sich aufs neue die Tatsache, daß der größeren Intensität der be-

[1]) Zu der Darstellung ist allgemein zu bemerken, daß es strenggenommen unkorrekt ist, die einzelnen Punkte der Kurve miteinander zu verbinden, denn diese Kurven stellen Funktionswerte der auf der Abszisse eingetragenen unabhängigen Variablen nur an denjenigen Stellen dar, welche ganzzahlige Vielfache der für die Abszisse gewählten Maßeinheit bedeuten. Aus Anschaulichkeitsgründen wurden die Punkte indessen verbunden.

hauchten Tenuis eine längere Dauer des Lautes, also auch der Kontakt- bzw. Engenbildung, parallel läuft. Berücksichtigt man die von R. H. Stetson in seinen ausgezeichneten Luftdruckuntersuchungen belegte Tatsache, daß diese Kontaktzeit dazu dient, der Luft im Atemapparat durch Einsatz der Atemmuskulatur einen höheren Druck zu verleihen, so folgt aus unsern Messungen, daß der für die unbehauchte Tenuis erforderliche Druck nicht so sehr durch Intensivierung als vielmehr durch zeitliche Verlängerung erzeugt wird. Es wäre an sich durchaus denkbar, daß der erhöhte Druck der Tenuis in derselben Zeit wie der schwächere der Media durch forcierte Muskeltätigkeit zustande käme. Wenn das, wie wir sehen, nicht geschieht, so rührt dies offenbar daher, daß eine solche gesteigerte Muskeltätigkeit mit dem normalen Grad der inneren Beteiligung des Sprechers nicht übereinstimmen würde.

## Die Dauer intervokalischer Konsonanten in Abhängigkeit vom Stärkegrad der Silbe, die sie anlauten

Tafel 14—17. — Die Abbildungen stellen die Meßergebnisse für jeden einzelnen satzphonetisch als intervokalisch zu bezeichnenden Konsonanten dar. Drei „Stellungen" sind zu unterscheiden: Auf der untersten Zeile stehen die Prozente der Häufigkeit des Vorkommens der einzelnen Quantitätswerte vor druckstarker Silbe; es folgen diese Werte für die druckschwache Silbe, welche unmittelbar hinter einer druckstarken steht, und auf der obersten Zeile die silbenanlautenden Konsonanten in druckschwacher Umgebung.

In allen Fällen bemerken wir in bester Übereinstimmung mit Stetsons Theorie: Im Englischen bestimmt die Intensität der Betonung des folgenden Vokals gleichzeitig die Intensität des anlautenden Konsonanten. Wie andere Untersuchungen unseres Instituts dargetan haben, darf dieses Gesetz keinesfalls als ein allgemein sprachliches betrachtet werden. Schon Menzerath hat darauf hingewiesen, daß die Abschwächung der stimmlosen Spiranten, welche aus den indogermanischen Tenues *p t k* entstanden, nach Verners Gesetz grade vor der indogermanisch „betonten" Silbe erfolgt ist. Offenbar spielt die Akzentqualität des folgenden Vokals hier eine ausschlaggebende, bis heute noch nicht geklärte Rolle. Die von uns gefundenen Verhältnisse sind somit grundlegende Kriterien für die Eigenart des englischen, bzw. germanischen Druckakzentes.

## Konsonantendauer und Länge des vorhergehenden Vokals

Tafel 18—19. — In den Untersuchungen, die sich auf isoliertes Wortmaterial gründen, ist eine Abhängigkeit der Dauer des Konsonanten von der Quantität des vorhergehenden Vokals beobachtet worden. Diese Ergebnisse erscheinen in ihrer Tendenz glaubwürdig, wenn auch sicherlich die absoluten Werte gerade in diesem Falle, wo es sich um isoliert gesprochene, zweisilbige Wörter vom Typus *áta* handelt, nicht absolut zuverlässig sind, denn es stellt sich hier im absoluten Auslaut der Atemgruppe leicht ein starker Nebenakzent auf der theoretisch druckschwachen Silbe ein. Dieser Akzent verlängert, wie wir gesehen haben, wiederum die Dauer des Konsonanten. Solche Fälle sind von Ketterer in seinen Untersuchungen über alemannische Konsonanten regelmäßig beobachtet worden.

Die Nachprüfung der erwähnten Beobachtungen auf experimenteller Grundlage gestaltet sich durch den Umstand schwierig, daß, wie bekannt, die Einzelwerte der langen und kurzen Vokale sich praktisch in großem Umfang decken. Die Einzeldiagramme für die Konsonanten wurden deshalb so eingerichtet, daß auf der Abszisse die Vokaldauer in Zentisekunden ohne Rücksicht auf Klangfarbe oder historische Quantität aufgetragen wurde und auf der Ordinate die zugeordnete Quantität des folgenden Konsonanten. Da es sich bei dem zur Diskussion stehenden Einfluß der Quantität des vorausgehenden Vokals auf die des folgenden Konsonanten um eine rein physiologische Fragestellung handelt, erschien dies Verfahren gerechtfertigt. Das Ergebnis ist folgendes: Hinter den kürzeren Vokalquantitäten häufen sich die Maximalwerte der Konsonantendauer. Mit zunehmender Dauer des Vokals treten bei der Mehrzahl der Konsonanten kürzere Werte auf. Dies ist der Fall bei *p*, *t*, *f*, *d* (besonders deutliche Abnahme in Richtung der höheren Vokalquantitäten), *g*, *v*, *đ*, *n*, *l*. Die Betrachtung der Maxima ergibt somit eine Abhängigkeit des Konsonanten vom vorhergehenden Vokal auch bei einem nicht zum Zwecke einer solchen Untersuchung zusammengestellten Wortmaterial.

# III. Einfluß der Tonhöhe des Grundtons auf die Klangfarbe der Vokale

(Wortlisten Tafel 37—38)

Daß der Grundton die Klangfarbe der Vokale beeinflußt, haben Horn und Wilde seit längerer Zeit an kontrollierbaren Schallplattenbeispielen der neuenglischen Schriftsprache und Mundarten herausgestellt[1]). Horn ließ in der von ihm ins Leben gerufenen „Abteilung des Englischen Seminars zur Erforschung der lebenden Sprache" die Untersuchung auf umfangreiches Material ausdehnen und die Sprachmelodie der betr. Schallplatten objektiv registrieren und aufzeichnen. Es sind bis heute nicht weniger als 24 Schallplattenseiten neuenglischer Einheitssprache und Mundarten auf diese Weise bearbeitet worden. Bei sämtlichen Sprechern fand sich die beobachtete Tatsache.

Horn hat ferner erkannt, daß der sogenannte spontane Lautwandel in der englischen Sprachgeschichte sich in derjenigen Richtung bewegt hat, welche durch die im Neuenglischen beobachteten Klangfarbenschwankungen angedeutet ist. Er hat damit den dauernden Wechsel des Grundtons als die Triebfeder der historischen Vokalentwicklung im Englischen aufgezeigt. Da außerdem, wie bekannt, die Auswahl des Sprechers unter den ihm zu Gebote stehenden Möglichkeiten der Verwendung der einzelnen Grundfrequenzen psychologisch bedingt ist, so ist damit der vokalische Lautwandel mit seelischen Faktoren verknüpft. So erklärt Horn u. a. die Tatsache, daß in Zeiten kontinuierlicher politischer und sozialer Entwicklung das Vokalsystem des Englischen stabil war, während in Zeiten politischer Erregung eine revolutionäre Umgestaltung des Vokalsystems sicherlich, abgesehen von soziologischen Momenten, auch durch die stärkere Erregung und Bewegung des einzelnen Menschen und der daraus resultierenden größeren Änderung der Sprachmelodie verursacht wurde.

Die Platten des englischen Phonetikers Jones, welche meiner Arbeit zugrunde liegen, stehen stark unter pädagogischen und normierenden Ten-

[1]) Vgl. L. 10 u. 11. Ihre Untersuchungen begannen bereits im W.S. 1929/30, vor Luicks gleichartigen Beobachtungen, die in den Aufsätzen L. 28 veröffentlicht sind und auch gerade auf die Jones-Platten hinweisen. (Luicks Ausführungen beziehen sich nicht auf die hier untersuchten Schallplatten, sondern auf die ältere Reihe von 1911. [Vgl. oben Seite 7, Fußnote 2.] Ein genauer Vergleich der Jonesschen Aussprache auf den beiden zeitlich über 20 Jahre auseinanderliegenden Plattenreihen war auf Horns Anregung hin geplant, mußte aber aus technischen Gründen [andere Aufnahme-Tourenzahl der älteren Platten] vorläufig unterbleiben.) — Ein Hinweis auf Klangfarbenänderung der Vokale durch den Einfluß der Tonhöhe des Grundtons findet sich übrigens schon in der Phonetik von E. Sievers (L. 46, § 761).

denzen. Jones selbst, dem es vor allem um die Standardisierung der Vokalaussprache zu tun war, sind jedoch die Abweichungen von der aufgestellten Norm auch in seiner eigenen Aussprache nicht entgangen[1]).

Um den Einfluß des Grundtons auf die Vokalqualität zu untersuchen, wurde von jeder Silbe das arithmetische Mittel der Tonhöhe in der Weise gebildet, daß Maximum und Minimum addiert und die Summe durch 2 geteilt wurde. Diese einfache Art der Mittelwertsbildung erschien ausreichend, um die physiologische Tatsache des Spannungsunterschiedes zwischen hohen und tiefen Frequenzen herauszuarbeiten. Das verwendete Maximum und das Minimum stellen dabei die Extremwerte der momentanen Spannung der Stimmbänder dar. Wir wissen, daß der Kehlkopf sich auch als Ganzes bei der Hervorbringung verschiedener Grundfrequenzen aus seiner Lage verschiebt. Auch diese Verschiebung dürfte durch die Angabe der Extremwerte bzw. ihres Mittelwertes mit erfaßt sein. Daß Tonhöhenänderungen nicht immer durch Vergrößerung der Spannung in den Stimmbändern bewirkt werden, ist bekannt, doch stellen nach unseren bisherigen Beobachtungen solche Fälle im Englischen nicht die Regel dar.

Tafel 20 (Wortliste Taf. 37—38). — Die in schwarz gezeichneten Fälle geben die Häufigkeit des Vorkommens der regulären Aussprache bei den einzelnen Mittelwerten, deren Frequenz auf der Abszisse in Vierteltönen gezeichnet ist. Die Abweichungen sind nach Tonhöhe und Anzahl durch umrandete Stäbchen wiedergegeben.

Es stellt sich heraus: Bei den meisten Vokalen, mit Ausnahme des *e* in *ei*, ist die Normalaussprache im ganzen Stimmbereich durchgeführt. Die Änderung des Grundtons braucht also keine Änderung der Klangfarbe hervorzurufen. Der Einfluß der von Parmenter, Treviño und Bevans nachgewiesenen Verschiebung des Kehlkopfes (L. 41) auf die Zunge kann also — wahrscheinlich durch Bewegungen im Ansatzrohr — kompensiert und die entstandene Formänderung des Resonators ausgeglichen werden. Die Durchführung dieser Korrektur, die bei andern Sprechern nicht in diesem Umfang zu verzeichnen ist, charakterisiert Jones als besonders sorgfältigen Sprecher gemäß seinen lehrhaften Absichten. Trotzdem finden sich viele Abweichungen von der Norm. Ihre Verteilung ist folgende: Sie fehlen nahezu gänzlich im untersten Bereich der Stimme, sie bevorzugen die Mitte und besonders das oberste Drittel des Stimmumfanges.

Die Standard-Aussprache der englischen Vokale scheint demnach von den Phonetikern an ihrer eigenen ruhigen Aussprache abstrahiert zu sein. Je größer infolge des Anwachsens der Tonbewegung die Verschiebung des ge-

---

[1]) Vgl. seine Anmerkung auf Seite IV der Phon. Read.: 'A certain number of divergences are inevitable'.

samten Sprechapparates wird, desto stärker werden die Abweichungen. Die großen Frequenzunterschiede, innerhalb deren sich die Stimme bewegt, stellen den Sprecher also bei wachsender Tonbewegung vor eine immer schwieriger werdende Aufgabe, sofern die Resonanz im Ansatzrohr bzw. die dazu erforderlichen physiologischen Bedingungen — wenn auch nur in gewissen Grenzen — konstant gehalten werden sollen.

Zum genaueren Nachweis der auf Tafel 20 dargestellten Verhältnisse wurde der Stimmbereich des Sprechers in drei Teile geteilt. Der Abschnitt, in dem sich die Tonhöhenmittelwerte häufen, wurde als „Kerngebiet", die beiden nach oben und unten angrenzenden Abschnitte als hohe bzw. tiefe Stimmlage betrachtet. Es wird dabei angenommen, daß die drei Abschnitte, summarisch gesehen, mit einer von unten nach oben steigenden Spannungs-Skala des Sprechers zusammenfallen, da das Kerngebiet von Prof. Jones ungefähr in der Mitte seines Stimmbereichs liegt. In der Tabelle auf Tafel 38 ist für die einzelnen Vokale das Verhältnis von Varianten und Normalformen erstens absolut und dann prozentual für jeden dieser drei Bezirke gesondert aufgestellt. Das unterste Gebiet ist fast ausschließlich für die Normalformen vorbehalten. Im Innern des Kerngebietes ist die Zahl der Varianten im Verhältnis zu den Normalformen schon erheblich im Wachsen. Im obersten Gebiet steigt sie noch mehr an und übertrifft teilweise die Belege der normalen Klangfarbe.

## IV. Zur Sprachmelodie

Die beigegebenen 32 Tafeln enthalten die Tonhöhenbewegung des Sprechers, objektiv erfaßt durch fortlaufende Ausmessung der Einzelperioden und dargestellt in Abhängigkeit von der Zeit. Sie sollen die allgemeine Kontrolle unserer Behauptungen über den Zusammenhang von Grundton und Klangfarbe der Vokale ermöglichen und außerdem eine Grundlage für weitere sprachmelodische oder sprachpsychologische Beobachtungen bieten. Bei der Veröffentlichung der Melodiekurven ist auch besonders an die Bedürfnisse der Schule gedacht worden; sicherlich wird die wissenschaftliche Kenntnis der englischen Tonbewegung dem Lehrenden im Unterricht von Vorteil sein. Wissenschaftlich wird sich der Nutzen der herausgebrachten Melodiekurven dann besonders stark auswirken, wenn Vergleichsmaterial in größerem Umfang aus dem Neuenglischen und besonders auch aus anderen europäischen Sprachen vorliegt.

Im Hinblick auf diesen später vorzunehmenden Vergleich sind in der vorliegenden Arbeit bereits einige Zusammenstellungen statistischer Art gemacht worden.

## Tonhöhen der Silben

Tafel 21a. — Die Häufigkeits-Statistik über die Mittelwerte der Silbenmelodie wurde, wie gesagt, (nach dem Vorbilde von Schilling und Kuhlmann) in der Weise vorgenommen, daß die höchste und die tiefste Frequenz, welche in der Silbe erreicht werden, addiert und die Summe durch 2 geteilt wurde. Diese Mittelwerts-Statistik ist die einzige Möglichkeit, um die besonders bei Vergleichungen psychologischer und dialektgeographischer Art wichtige Frage zu klären, welchen Abschnitt des ihm zur Verfügung stehenden Frequenzbereiches der Sprecher am meisten benutzt. Diesen Abschnitt nennt Kuhlmann das „Kerngebiet". Wenn wir die Tonhöhe des Grundtons zugleich als Ausdruck der Spannung werten, so ist klar, daß unter gleichen Voraussetzungen ein Sprecher, dessen Kerngebiet in der Mitte seines Stimmbereiches liegt, einen geringeren Spannungseinsatz hat als ein solcher, der überwiegend im oberen Drittel spricht. Auch eine Statistik über das Silbenintervall wird erst bei gleicher Lage des Kerngebietes mit einer anderen vergleichbar.

Tafel 21b und 21c. — Die Häufigkeitskurve der Maxima und Minima ist aufschlußreich in Verbindung mit der Häufigkeitskurve der Silben-Einsatztonhöhen. Bei dem starken Überwiegen der fallenden Silbentonbewegung (vgl. Tafel 22a) gibt die Kurve der Maxima uns im wesentlichen die Einsatzhöhen der fallenden Silben. Die von Ketterer eingeführte Häufigkeitskurve der Einsatztonhöhen hat sich als dialektgeographisch und psychologisch außerordentlich aufschlußreich herausgestellt. Der tiefe Einsatz der Stimme bei betonten Silben verrät fast immer das Mitschwingen des Gefühls und dient der freundlichen Einwirkung auf den Hörer. Er fehlt z. B. fast ganz bei Männern wie Lord Roberts oder Lloyd George — infolge der militärischen Haltung des einen und der polemischen Tendenz des anderen.

## Häufigkeit der Silbenintervalle

In Tafel 22b ist die Häufigkeitskurve der Silbenintervalle dargestellt. Auf der Abszisse stehen die Intervalle in Vierteltönen[1]), auf der Ordinate die Häufigkeit ihres Vorkommens in unserem Text — ohne Rücksicht auf die Richtung des Tonschrittes. Druckschwache und druckstarke Silben sind getrennt. Es wird in den Arbeiten unseres Institutes grundsätzlich vermieden, nach dem Gehör gewonnene Urteile über die Intensität eines Lautes im Schallfelde zu verwerten. Statt dessen werden als betont die-

[1]) Da sich in unsern Melodiekurven häufig Vierteltonschwankungen finden, deren Charakter nicht ganz eindeutig ist, sind die Intervalle 0 und 1 zusammengezogen und unter 1 aufgeführt.

jenigen Silben angesetzt, die lexikalisch als solche verzeichnet sind; entsprechend werden die lexikalisch „unbetonten" zusammengestellt. Auf diese Weise ergibt sich in der einzelnen Statistik, wieweit die lexikalisch als „unbetont" angesetzten Vokale tatsächlich die quantitativen oder melodischen Eigentümlichkeiten der betonten teilen, bzw. nicht teilen. So sehen wir hier, daß die sogenannten unbetonten Silben im wesentlichen kleine Intervalle von 0 bis 8 Vierteltönen haben, und ferner, daß sie die Werte von 0 bis 2 Vierteltönen fast allein belegen. Wir sehen weiterhin die Intervalle von über 8 Vierteltönen überwiegend für die betonten Silben reserviert. Die seltenen Fälle, in denen Intervalle von mehr als 8 Vierteltönen bei unbetonten Silben vorkommen, dürften demnach auf satzphonetisch entwickelte Nebenakzente zurückzuführen sein.

Unter Zugrundelegung der Betonungsunterschiede, wie sie von den Phonetikern am isoliert gesprochenen Wort beobachtet worden sind, lehrt unsere Zusammenstellung, daß im Englischen eine klare Beziehung besteht zwischen der Stärke des dynamischen Akzentes und der Größe der von der Silbe durchlaufenen Melodiestrecke. Auch diese Tatsache darf indes, wie andere Untersuchungen gezeigt haben, keinesfalls verallgemeinert werden und scheint nur für einen schweren dynamischen Stoßton zutreffend und zugleich charakteristisch zu sein.

## Einfluß der Konsonanten auf die Einsatzhöhe der Vokale

Tafel 23. — Ein außerordentlich wichtiges Problem der Lautgeschichte ist die Frage nach der Höhe des Einsatzes der Vokale. Dieser Einsatz gehört zu den primären Eigenschaften des Akzentuierungs-Systems und wechselt außerdem innerhalb dieses Systems nach psychologischen Gesichtspunkten. Innerhalb dieses Rahmens wird jedoch der Stimmeinsatz noch durch die Spannung des vorhergehenden Konsonanten variiert[1]). Tafel 23a vergleicht die Einsatztonhöhen der betonten Vokale nach den stimmhaften Medien *b d g* mit denen nach den behauchten Tenues *p t k*, Tafel 23b die Einsatzhöhen nach den stimmhaften Reibelauten mit denen nach den stimmlosen. Die Einsatzhöhen nach *p t k* häufen sich zwischen $\varphi$ 83 und $\varphi$ 89, die nach *b d g* zwischen $\varphi$ 78 und $\varphi$ 84. Ähnliche Verhältnisse liegen vor in Tafel 23b. Es wird klar, daß die sogenannten stimmlosen Konsonanten infolge ihrer größeren Spannung, die sich während ihrer Kontakt- bzw. Engenzeit auf den gesamten Sprechapparat übertragen dürfte, auch die Ausgangsbedingungen für die Artikulation des ihnen folgenden Vokals

[1]) Den Hinweis auf das Problem verdanken wir E. A. Meyer (L. 33), H. Streim (L. 49) und K. Hentrich (L. 5).

im Kehlkopf im Sinne einer stärkeren Spannung beeinflußt haben. Die Einsatzhöhen der Vokale nach *w*, *l*, *m*, *n* und *r* liegen gleichfalls etwas niedriger als nach den stimmlosen Reibelauten — entsprechend der bekannten geringeren Spannung dieser Laute. Selbstverständliche Voraussetzung für den Einfluß des Konsonanten auf die Einsatzhöhe des folgenden Vokals ist die Zuordnung beider zu demselben Silbenstoß[1]).

## Zusammenfassung

Es wurde eine Reihe von Fragen betreffend die Quantitäten der einzelnen Vokale und Konsonanten im satzphonetischen Zusammenhang auf Grund elektrographischer Aufzeichnungen untersucht. Es hat sich herausgestellt, daß die Gesetzmäßigkeiten, die von älteren Forschern an isoliertem Wortmaterial beobachtet sind, sich in einem nicht erwarteten Umfang wiederfinden — großenteils allerdings nicht als absolut gültige Gesetze, sondern nur als Tendenzen, deren Wirksamkeit sich gegenüber den satzphonetischen und psychologischen Faktoren nicht restlos durchsetzen kann.

Für die Vokale fanden wir die phonetische Wirksamkeit der historischen Quantitätsunterscheidung und erbrachten damit den Nachweis ihrer Existenz im Bewußtsein des Sprechers. Charakteristischerweise wird diese Unterscheidung im Affekt und bei stärkerer Gemütsbewegung phonetisch unwirksam und damit auch wohl vorübergehend im Bewußtsein überdeckt.

Für den Konsonantismus lernten wir die Konsonantendauer als Kriterium der Akzentqualität kennen.

Der Einfluß der Tonhöhe des Grundtons führt zu einer Spaltung der Vokalklangfarben, in welcher wir den Keim zu neuen Lautentwicklungen erblicken dürfen.

---

[1]) Ein Unterschied der Einsatzhöhen der „unbetonten" Vokale nach stimmhaften und nach stimmlosen Konsonanten war nicht festzustellen.

# Literaturverzeichnis

1. Brandl, A.: Lebendige Sprache. — Sitzungsberichte der Preuß. Akademie der Wissenschaften, Phil.-hist. Kl., 1928.
2. — (mit R. Tourbier): Lebendige Sprache, Fortsetzung: Oszillographische Forschungen zum Wesen des Akzents. — Sitzungsberichte der Preuß. Akademie der Wissenschaften, Phil.-hist. Kl., 1931.
3. Ehrentreich, A.: Zur Quantität der Tonvokale im Modern-Englischen. — Palaestra 133, Berlin 1920.
4. Fletcher, H.: Speech and Hearing. — London 1929.
5. Hentrich, K.: Über die Bedeutung der Konsonanten für die Tonhöhenbewegung der Sprache. — Vox 1922, S. 15—17.
6. Horn, W.: Historische neuenglische Grammatik. — Straßburg 1908.
7. — Neuenglische Sprachgeschichte. — Kolleg S.S. 1933.
8. — Sprachkörper und Sprachfunktion. — 2. Aufl. Leipzig 1923.
9. — Stand und Aufgaben der Sprachwissenschaft. — Streitberg-Festschr., Heidelberg 1924, S. 512—584.
10. — Englische Sprachforschung. — German. Philol., Festschr. für O. Behagel. Germ. Bibl. I. 1, Bd. 19, S. 259—290.
11. — Fortschritte der Phonetik: Tonbewegung und Klangfarbe der Vokale im Englischen. (Erweiterte Fassung eines Vortrages auf dem 2. Internationalen Phonetikerkongreß in London, 1935. Vgl. Nr. 56, S. 12—18). — Zeitschr. f. neuspr. Unterricht 35 (1936), Heft 1, S. 17—25.
12. Jespersen, O.: Modern English Grammar. — Heidelberg 1909—1931.
13. — Lehrbuch der Phonetik. — 4. Aufl. Leipzig 1926.
14. Jones, D.: An English Pronouncing Dictionary. — Fourth Edition, London 1937.
15. — An Outline of English Phonetics. — Third Edition, rewritten. Leipzig 1932.
16. — Phonetic Readings in English. — 21st Edition, Heidelberg 1934.
17. Ketterer, K.: Die Abschreibung von Grammophonplatten. — Archives Néerlandaises de Phonétique Expérimentale 8—9 (1933), S. 271—277.
18. — Psychologisches Moment und Vokalquantität in der alemannischen Mundart von Lenzkirch im Schwarzwald. — Heidelberg 1930.
19. — Zur graphischen Auswertung der Sprechplatte. — Journ. f. Psychol. u. Neurol., Bd. 44 (1932), Heft 5 u. 6, S. 675—689.
20. — (mit Dr. Zwirner): Psychologisch-phonetischer Beitrag zum Problem der Aphasie. — Journ. f. Psychol. u. Neurol., Bd. 44 (1932), Heft 5 u. 6, S. 690 bis 738.
21. — Elektrische Sprachanalyse. — Die Naturwissenschaften, 23. Jhgg., (1935), Heft 40, S. 685—688.
22. — Fortschritte der Phonetik: Die objektive Bestimmung der Sprachtonhöhen. — Zeitschr. f. neuspr. Unterricht 34 (1935), Heft 4, S. 253—259.
23. — Fortschritte der Phonetik: Die objektiven Grundlagen der Vokale. — Zeitschr. f. neuspr. Unterricht 35 (1936), Heft 4, S. 239—244.
24. — Neuere Ergebnisse der englischen Experimentalphonetik. — Deutsche Volkserziehung 1936, Heft 4, S. 131—135.

25. **Kuhlmann**, W.: Die Tonhöhenbewegung des deutschen Aussagesatzes. — Diss. Freiburg 1931.
26. **Lacerda**, A. de: Die Abgrenzung der Labiallaute mittels Mundtrichter. — Archives Néerlandaises de Phon. Expér. 1932, S. 30—37.
27. **Lloyd James**, A.: Broadcasting and the English Language. — English Studies 14 (Amsterdam 1932), S. 74—76.
28. **Luick**, K.: Über einige Zukunftsaufgaben der englischen Sprachwissenschaft. — G. R. M. 18 (1930), S. 364 u. f. — (Ergänzt durch die Untersuchung: „Über den Einfluß der Intonation auf die Vokalqualität". — Englische Studien 65 [1930/31], S. 337—342).
29. — Historische Grammatik der englischen Sprache, I. — Leipzig 1914—1929.
30. **Menzerath**, P (mit J. M. de Oleza): Spanische Lautdauer. Eine experimentelle Untersuchung. — Berlin und Leipzig 1928.
31. — Koartikulation, Steuerung und Lautdauermessung. — Berlin und Bonn 1933.
32. — Der Stand der heutigen Lautwissenschaft. Betrachtungen zum 2. Kongreß für Phonetik und Phonologie (London 1935). — Debrecen 1935.
33. **Meyer**, E. A.: Zur Tonbewegung des Vokals im gesprochenen und gesungenen Einzelwort. — Phonetische Studien X (1896/7), S. 1—21. Beiblatt zu den N. Spr. 4 (1897).
34. — Englische Lautdauer. — Uppsala-Leipzig 1903.
35. — Das Problem der Vokalspannung. — N. Spr. 21 (1913), S. 160 u. f.
36. **Panconcelli-Calzia**, G.: Einführung in die angewandte Phonetik. — Berlin 1914.
37. — Die Phonoposoto- und Phonopometrie, ein Einheitsmaß für die Bestimmung der Stimmhaftigkeit. — Vox 1919, S. 18 u. f.
38. — Experimentelle Phonetik. Berlin und Leipzig 1921 (Sammlung Göschen 844).
39. — Das Hamburger experimentalphonetische Praktikum. — Hamburg 1922.
40. — Die experimentelle Phonetik und ihre Anwendung auf die Sprachwissenschaft. — 2. völlig umg. u. erw. Aufl. Berlin 1924.
41. **Parmenter**, Treviño und Bevans: The Influence of a Change in Pitch on the Articulation of a Vowel. — Language 9, Number 1, March 1933, S. 72—82.
42. **Russell**, G. O.: The Vowel. — Columbus, Ohio 1928.
43. **Schilling**, R.: Die Untersuchungsmethode der Stimme und Sprache. — A. Denker und O. Kahler, Handb. d. Hals-, Nasen-, Ohrenheilkunde, Bd. 1, München 1915.
44. **Scripture**, E. W.: A Study of Emotions by Speech Inscriptions. — Vox 1921, Heft 5/6, S. 179—183.
45. — Linguistik und Phonetik. — N. Spr. 34 (1926), S. 422—424.
46. **Sievers**, E.: Grundzüge der Phonetik. — 5. Aufl. Leipzig 1901.
47. **Stetson**, R. H.: Breathing Movements in Speech. — Archives Néerl. de Phon. Expér. 1933, S. 199—200.
48. — Motor Phonetics. — Arch. Néerl. de Phon. Expér. 1928.
49. **Streim**, H.: Über Beziehungen zwischen Ein- bzw. Absätzen und Tonhöhe. — Vox 1921, S. 123—128.
50. **Tiffin**, J.: Application of Pitch and Intensity Measurement. — The Journ. of the Acoust. Soc. of America V 4, Jan. 1934.
51. **Viëtor**, W.: Elemente der Phonetik. — 7. Aufl., besorgt von E. A. Meyer, Leipzig 1923.
52. **Ward**, I. C.: The Phonetics of English. — Cambridge 1929.

53. Zwirner, E.: A Contribution to the Theory of Pitch Curves. — Arch. Néerl. de Phon. Expér. 1932, S. 38—51.

54. — Quantität, Quantitätsschätzung und Lautdauermessung. — Arch. Néerl. de Phon. Expér. 1932, S. 236—246.

55. — Phonetische Tonhöhenbezifferung ($\varphi$). — Arch. Néerl. de Phon. Expér. 1933, S. 284—288.

56. Proceedings of the Second International Congress of Phonetic Sciences . . (22.—26. July 1935). — Cambridge 1936, edited by D. Jones and D. B. Fry.

Tafel 1—38:

# Graphische Darstellungen

# und Wortlisten

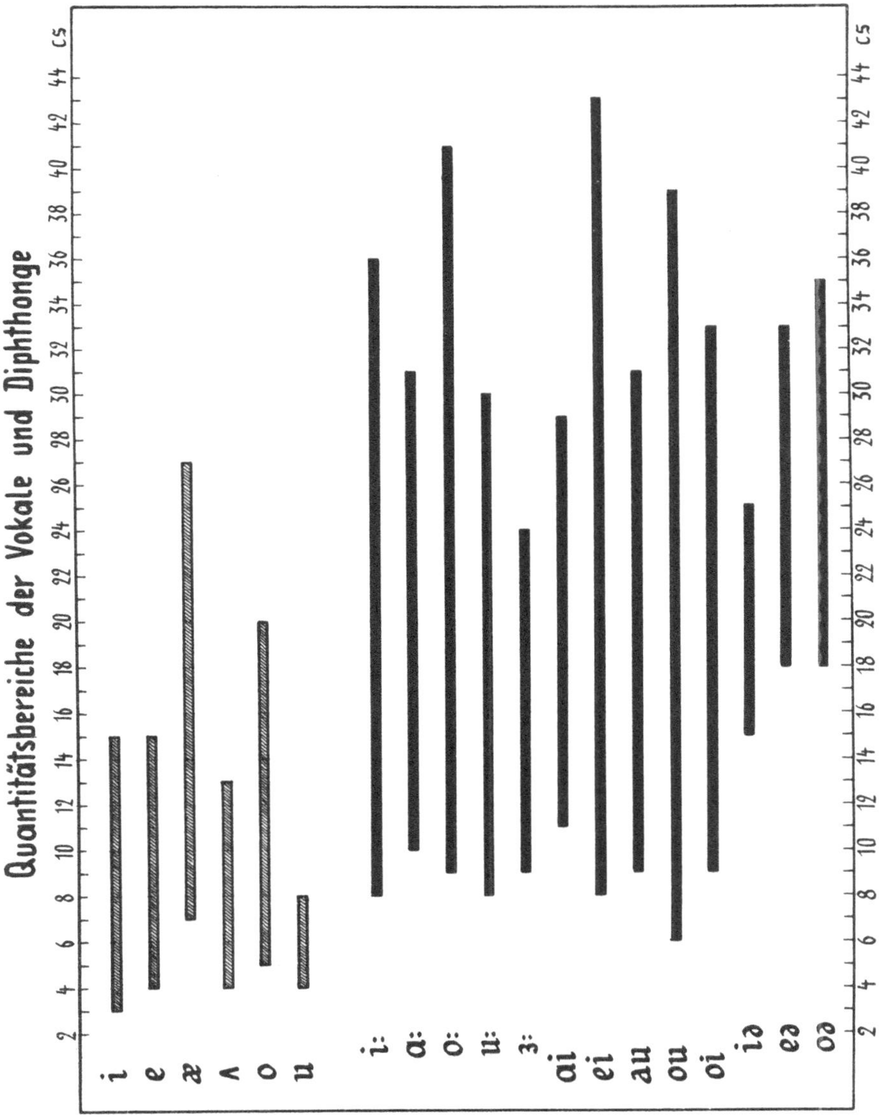
Quantitätsbereiche der Vokale und Diphthonge
i
e
æ
ʌ
o
u
i:
ɑ:
o:
u:
ɜ:
ai
ei
au
ou
oi
iə
eə
oə
2
4
6
8
10
12
14
16
18
20
22
24
26
28
30
32
34
36
38
40
42
44
cs

Quantitätsbereiche der historischen Kürzen u. Längen bei lexikalisch gedeckter Stellung in einsilbigen Wörtern.

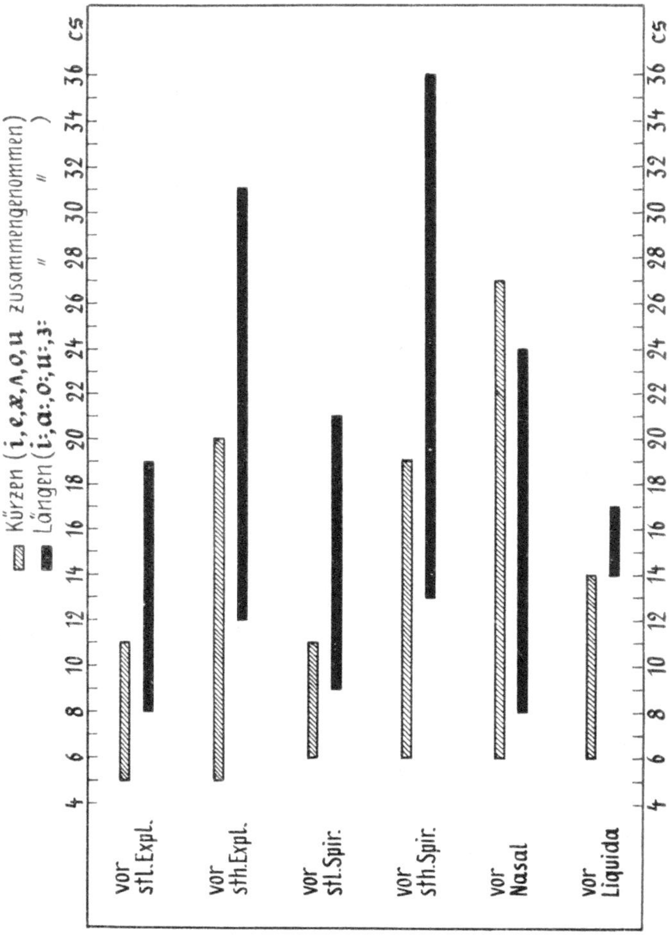

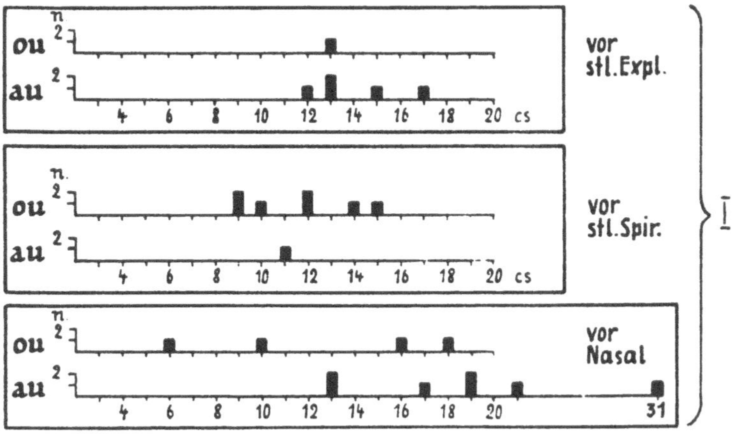


## Vokaldehnung bei fallend-steigender Tonbewegung.

| W | | | W | | | W | | | W | | | W | | |
|---|---|---|---|---|---|---|---|---|---|---|---|---|---|---|
| 618 dog | /^ | 14 cs | 774 dog/ | \ | 19 cs | 589 say | \ | 14 cs | 948 man | / | 19 cs | 495 boar/ | \ | 30 cs |
| 2 dog | /^ | 14 cs | 832 dog/ | _ | 19 cs | 14 way | — | 18 cs | 370 man | ✓ | 22 cs | 460 boar/ | ∨ | 35 cs |
| 613 dog | /^ | 15 cs | 57 dog/ | \ | 20 cs | 636 they | — | 18 cs | 922 man/ | ✓ | 24 cs | | | |
| 715 dog | — | 16 cs | 9 dog/ | ∨ | 20 cs | 226 pay | ∨ | 21 cs | 897 man/ | ✓ | 27 cs | 381 cheese | ‾\ | 15 cs |
| 665 dog | / | 16 cs | 81 dog/ | ‾\ | 20 cs | 11 day | ✓ | 30 cs | | | | 252 cheese | \ | 17 cs |
| 108 dog | \ | 16 cs | 705 dog/ | ∨ | 20 cs | 42 hay/ | ✓ | 34 cs | 1057 two | ‾\ | 11 cs | 399 cheese | ∨ | 27 cs |
| 118 dog | /‾ | 17 cs | 819 dog/ | ∨ | 20 cs | 914 way/ | ✓ | 34 cs | 839 two/ | _/ | 27 cs | 170 cheese/ | ‾\ | 36 cs |
| 96 dog | _/ | 18 cs | | | | 873 day/ | ✓ | 40 cs | 254 two/ | ✓ | 30 cs | | | |
| | | | | | | 456 day/ | ✓ | 43 cs | | | | | | |

# Quantitätsverteilung stimmhafter und stimmloser Konsonanten.

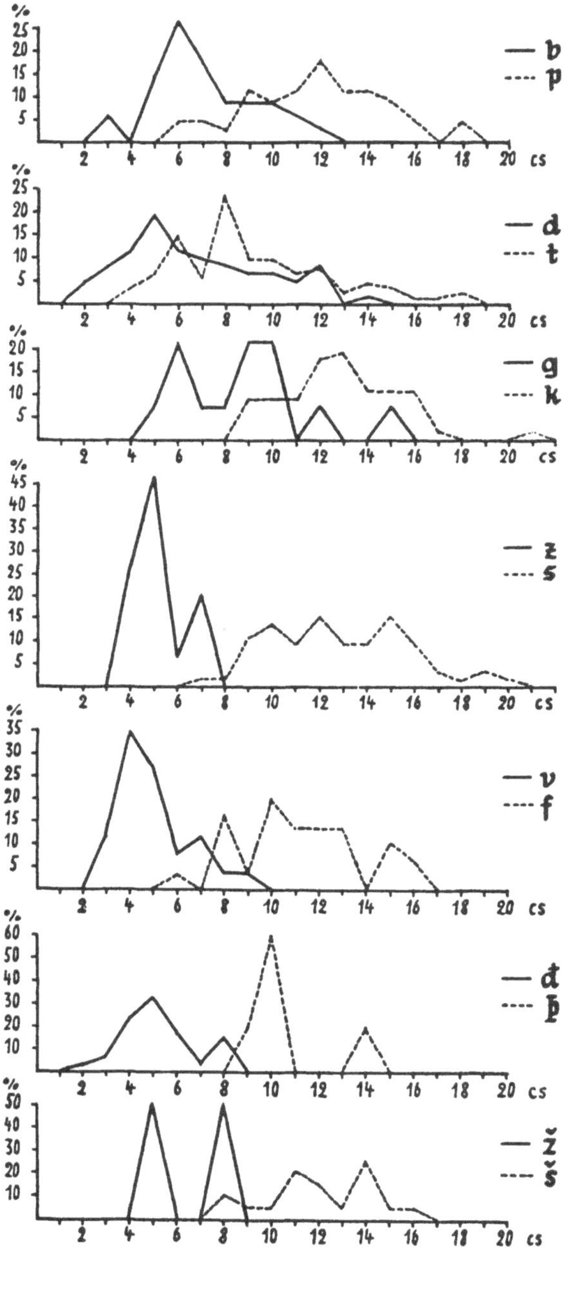

# Quantitätsbereiche intervokalischer stimmhafter u. stimmloser Konsonanten.

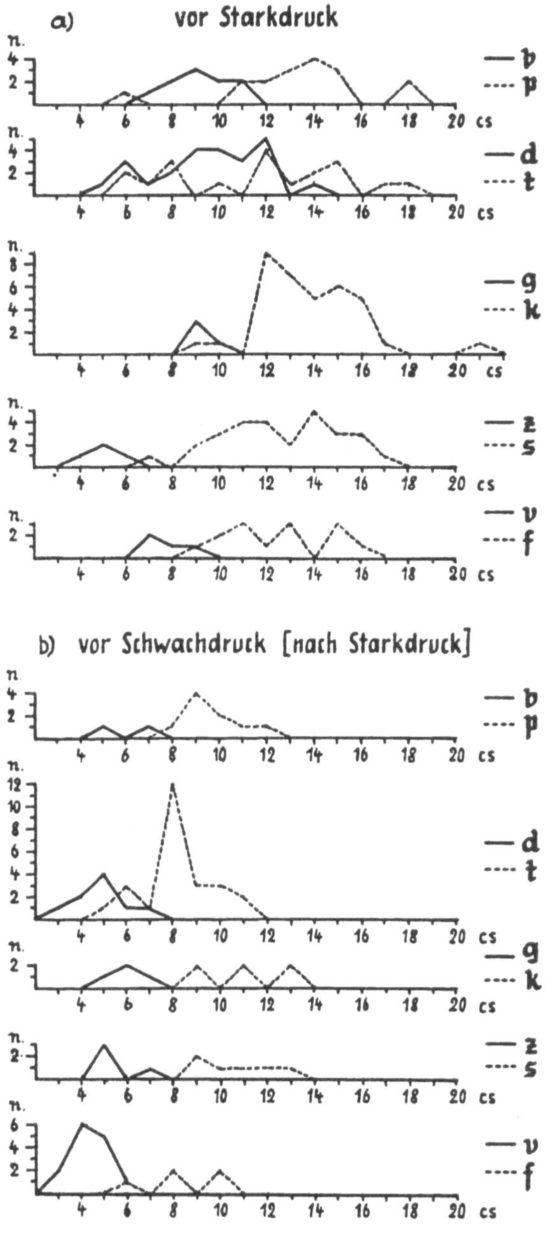

# Dauer intervokalischer Konsonanten in Abhängigkeit vom Stärkegrad der Silbe, die sie anlauten.

▤ in druckschwacher Umgebung
▨ vor Schwachdruck nach Starkdruck
■ vor Starkdruck

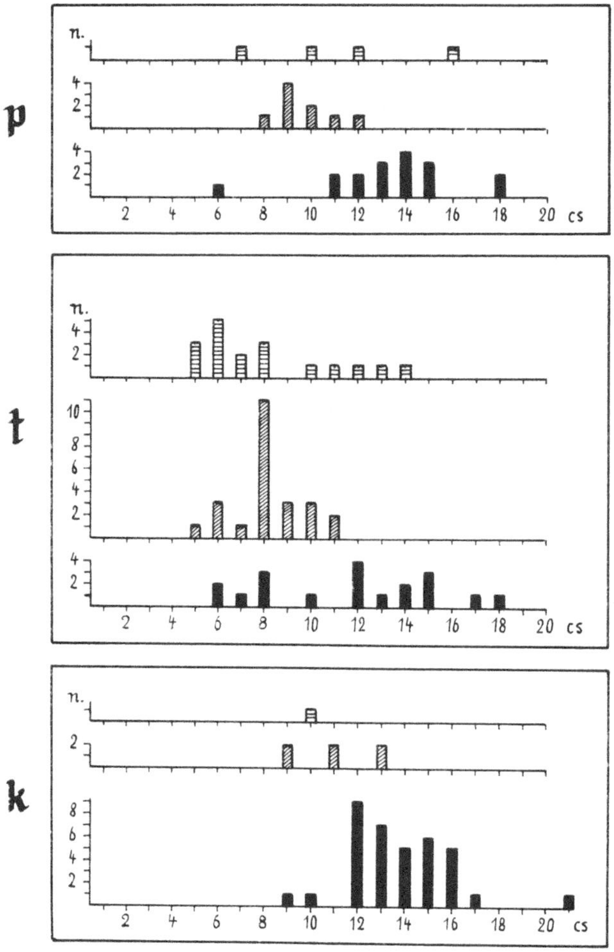

ʒ:

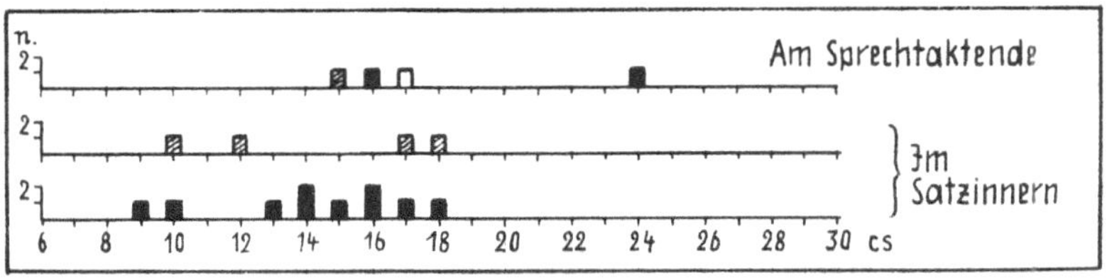
n.
2
Am Sprechtaktende
2
Im Satzinnern
2
6 8 10 12 14 16 18 20 22 24 26 28 30 cs

ai

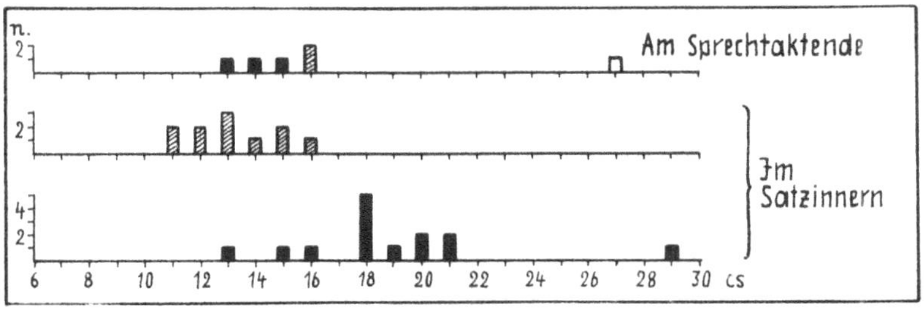
n.
2
Am Sprechtaktende
2
Im Satzinnern
4
2
6 8 10 12 14 16 18 20 22 24 26 28 30 cs

ei

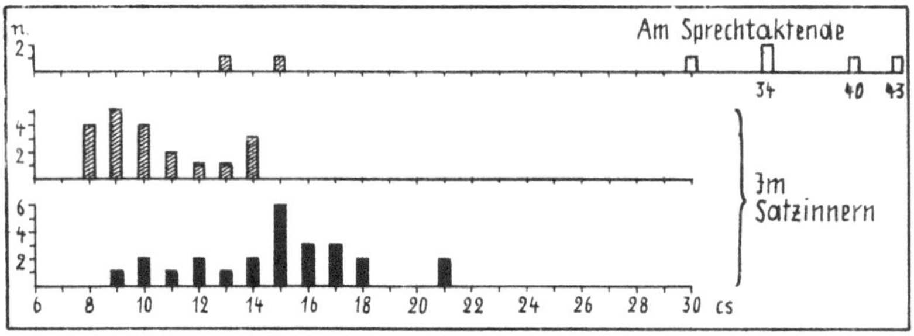
n.
2
Am Sprechtaktende
34 40 43
4
2
Im Satzinnern
6
4
2
6 8 10 12 14 16 18 20 22 24 26 28 30 cs

au

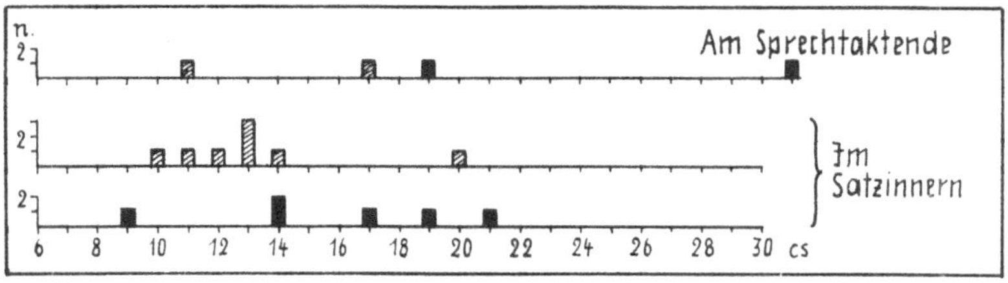
n.
2
Am Sprechtaktende
2
Im Satzinnern
2
6 8 10 12 14 16 18 20 22 24 26 28 30 cs

ou

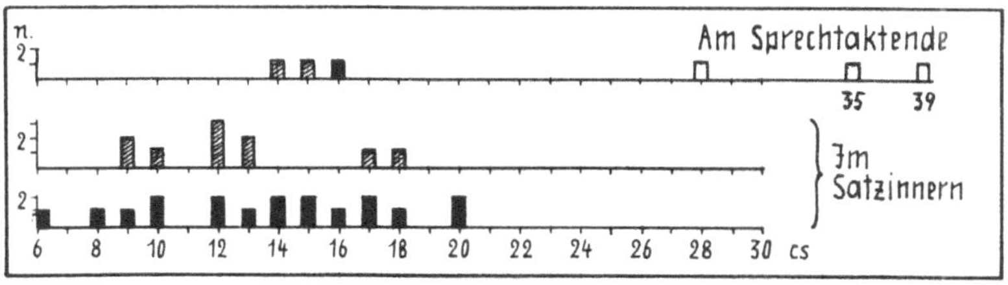
n.
2
Am Sprechtaktende
35 39
2
Im Satzinnern
2
6 8 10 12 14 16 18 20 22 24 26 28 30 cs

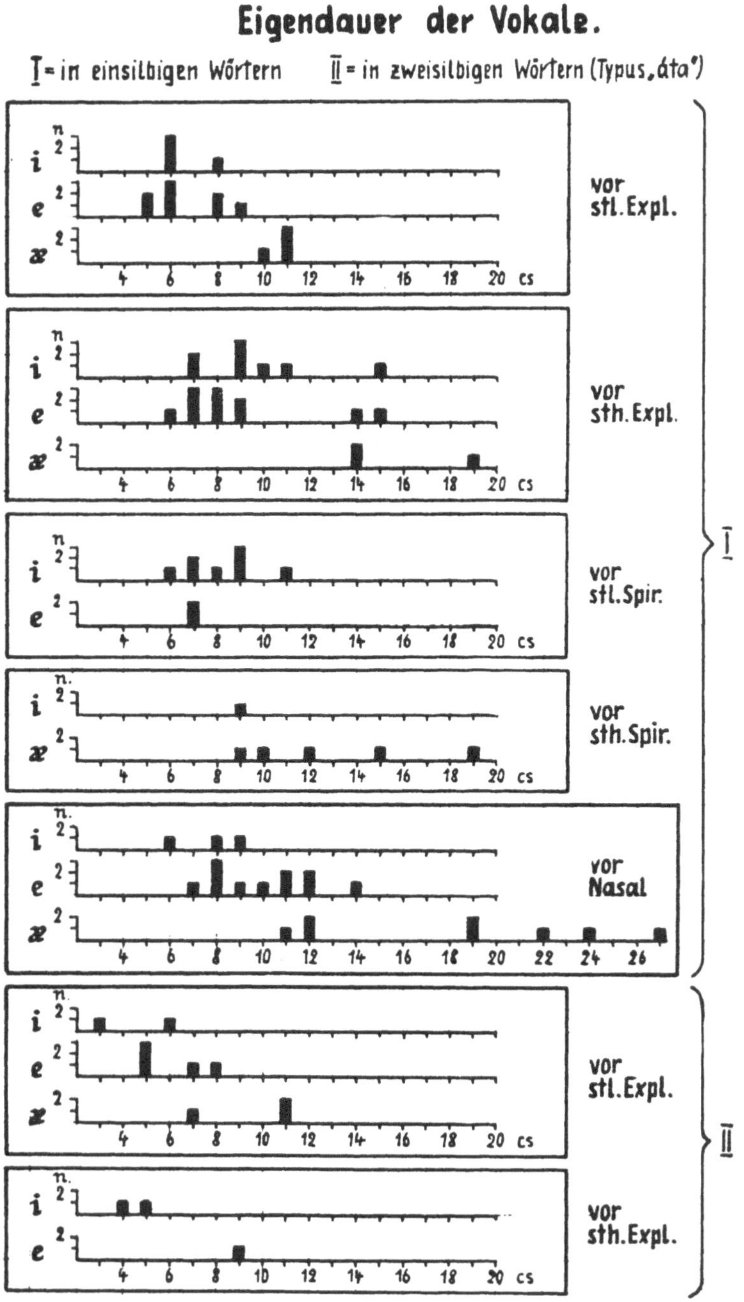
Eigendauer der Vokale.
I = in einsilbigen Wörtern
II = in zweisilbigen Wörtern (Typus „áta")
vor stl. Expl.
vor sth. Expl.
vor stl. Spir.
vor sth. Spir.
vor Nasal
vor stl. Expl.
vor sth. Expl.
I
II
i
e
æ
n
cs

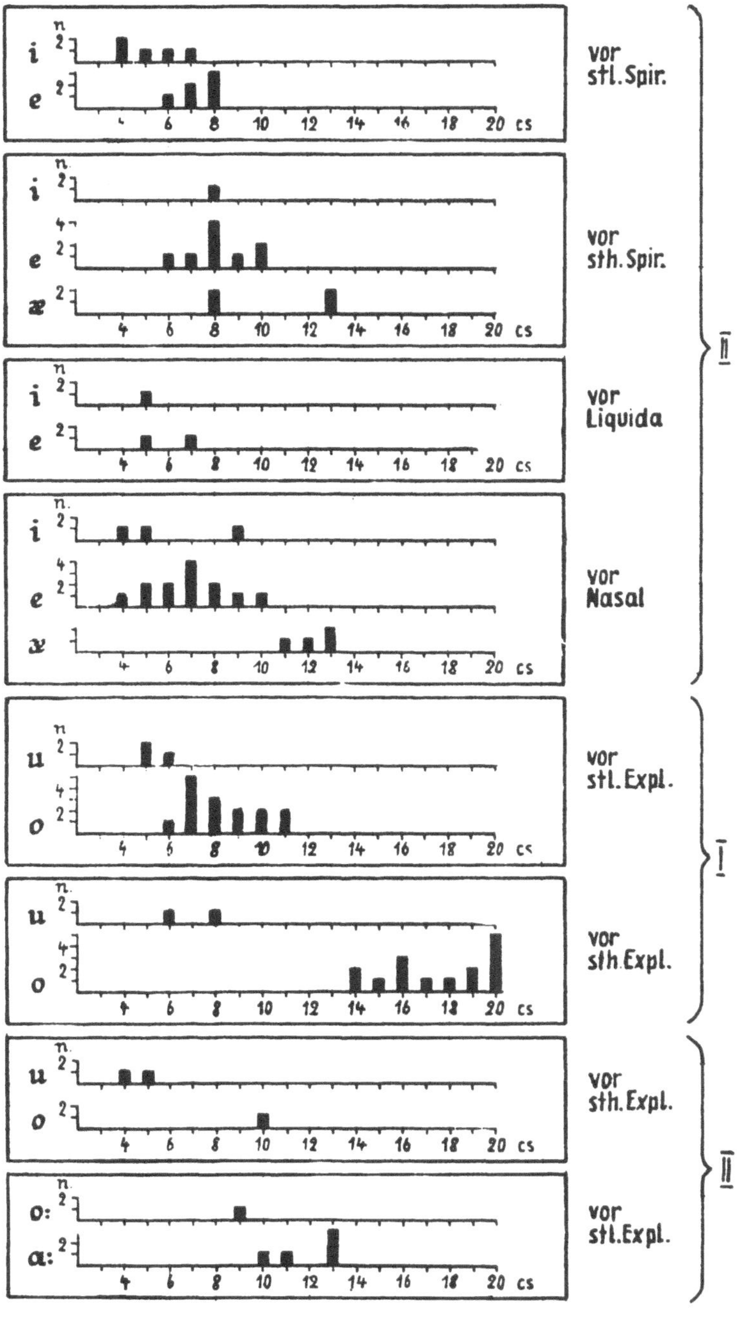

n
i
e
vor
stl. Spir.
i
e
æ
vor
sth. Spir.
i
e
vor
Liquida
i
e
æ
vor
Nasal
u
o
vor
stl. Expl.
u
o
vor
sth. Expl.
u
o
vor
sth. Expl.
o:
a:
vor
stl. Expl.
4 6 8 10 12 14 16 18 20 cs
II
I
II

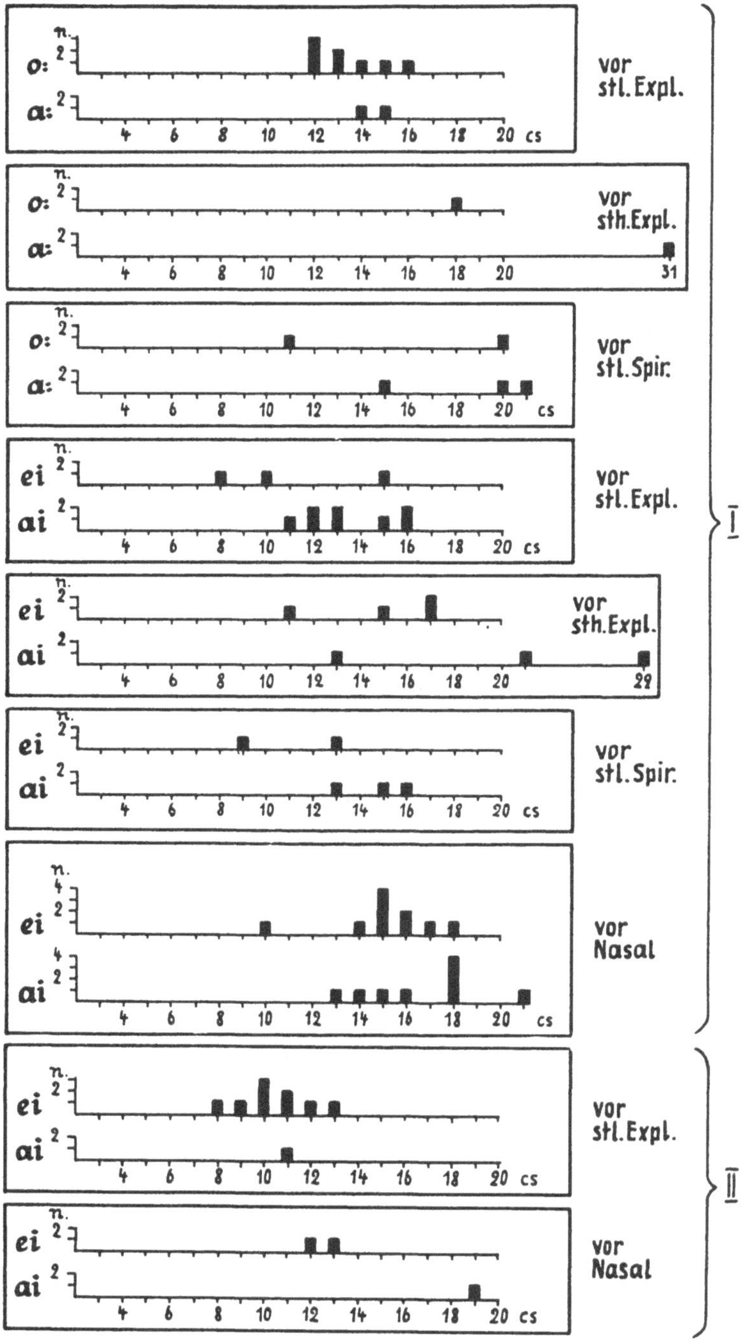

n.
o:
a:
4 6 8 10 12 14 16 18 20 cs
vor stl. Expl.
vor sth. Expl.
31
vor stl. Spir.
ei
ai
vor sth. Expl.
29
vor Nasal
I
II

# Quantitätsverteilung von i und o und ihrer historischen Längen vor derselben Konsonanz.

I = in einsilbigen Wörtern
II = in zweisilbigen Wörtern

▨ histor. Kürze
■ histor. Länge

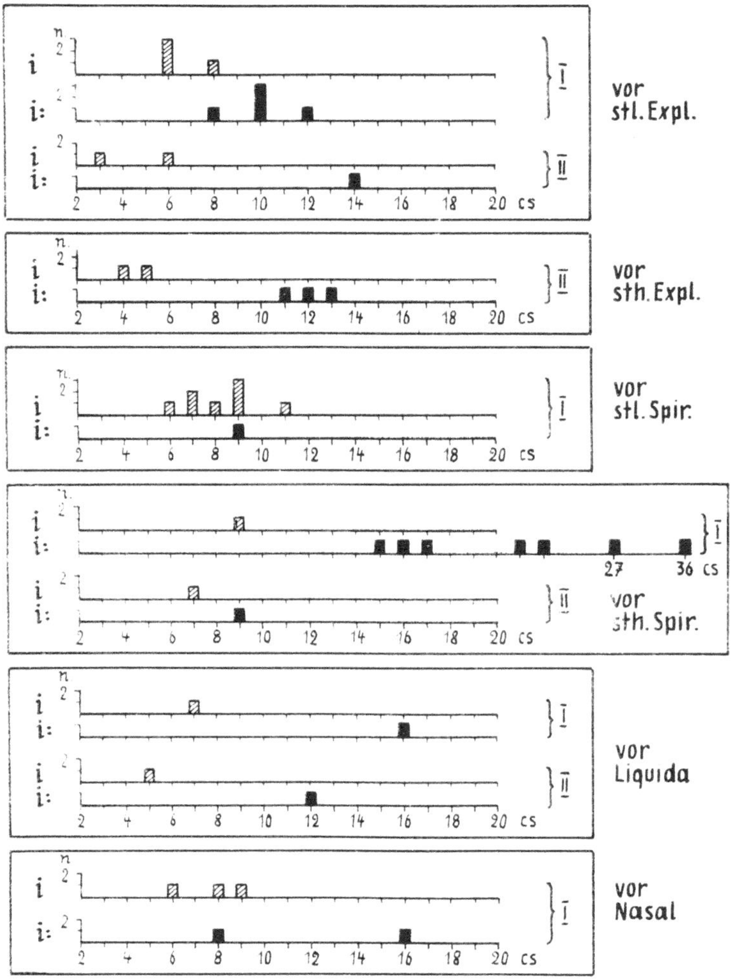

Tafel 4

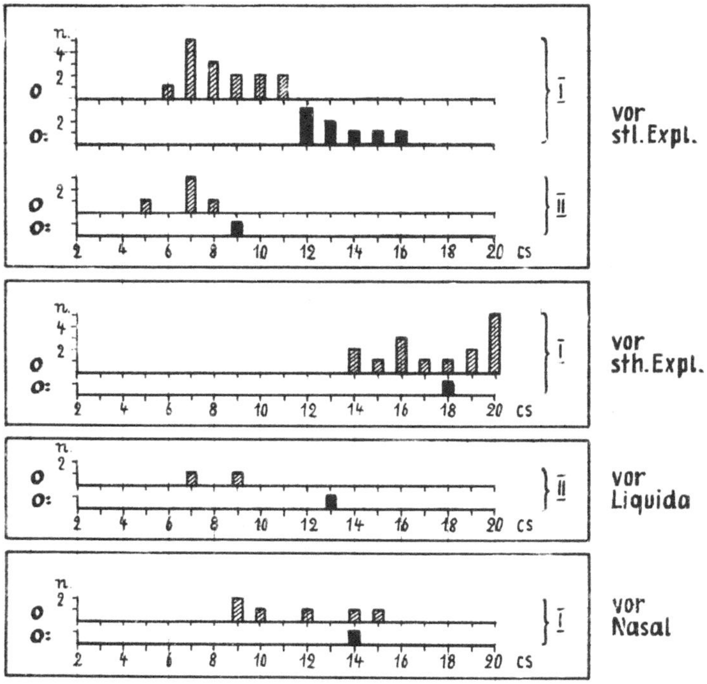
n
4
2
o
o:
I
vor
stl. Expl.
II
2 4 6 8 10 12 14 16 18 20 cs
vor
sth. Expl.
vor
Liquida
vor
Nasal

# Quantitätsverteilung der Vokale und Diphthonge vor stimmhaften und stimmlosen Konsonanten

im Innern und am Ende der Atemgruppe.

▨ vor stl Lauten
■ vor sth Lauten
□ im absoluten Auslaut der Atemgruppe

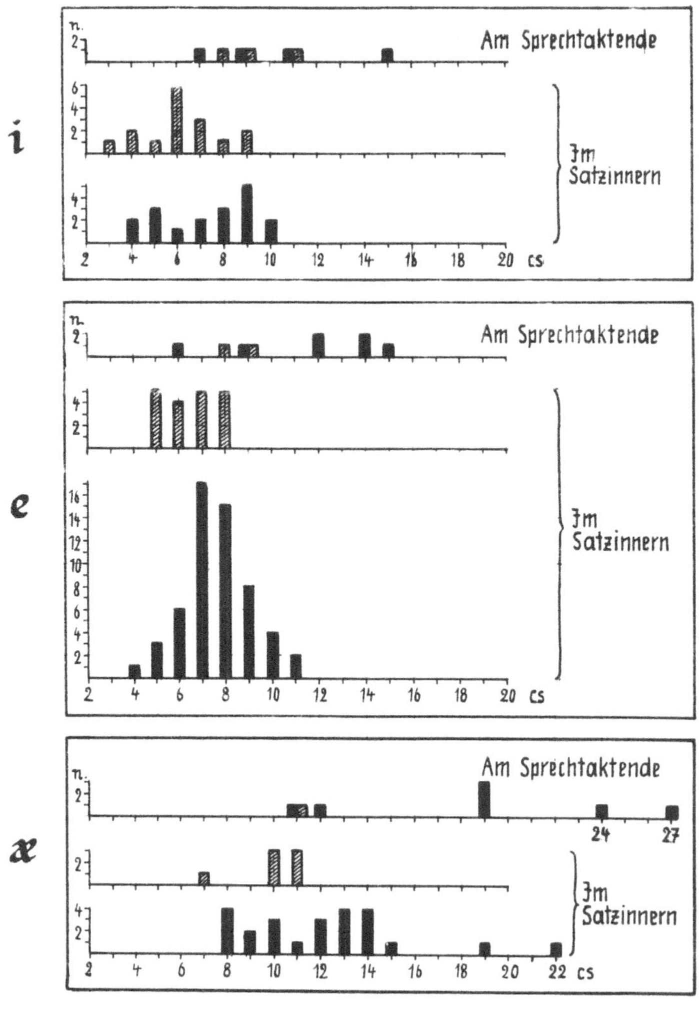

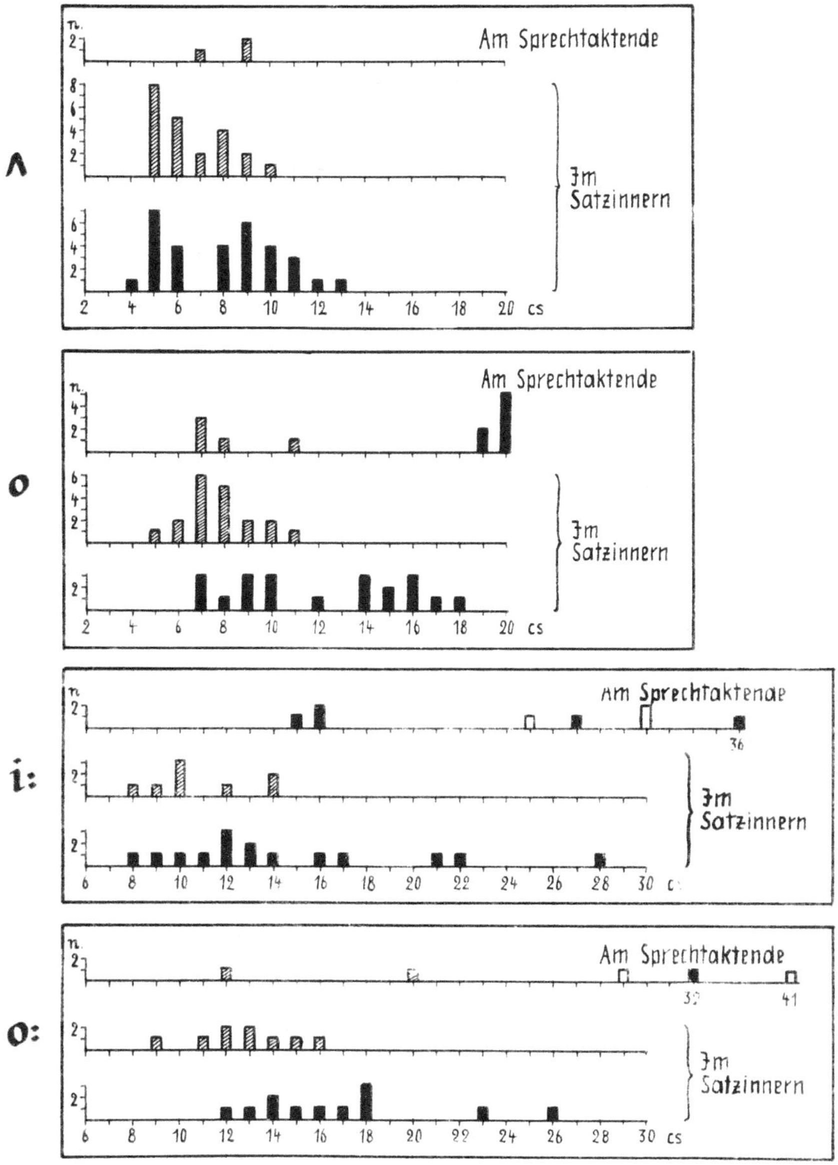
Am Sprechtaktende
Im Satzinnern
cs
Am Sprechtaktende
Im Satzinnern
cs
Am Sprechtaktende
36
Im Satzinnern
Am Sprechtaktende
41
Im Satzinnern
cs

f

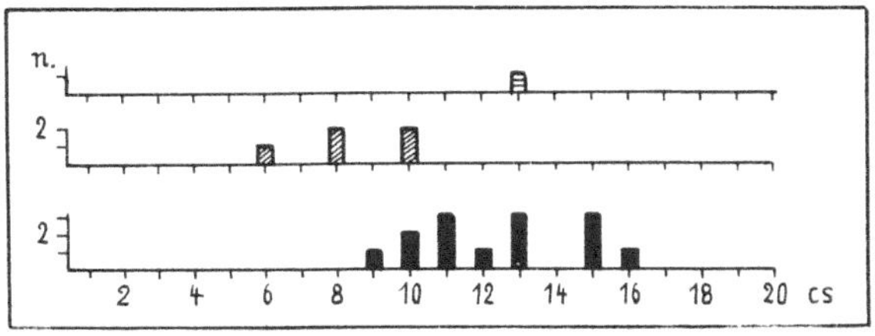
n.
2
2
2 4 6 8 10 12 14 16 18 20 cs

s

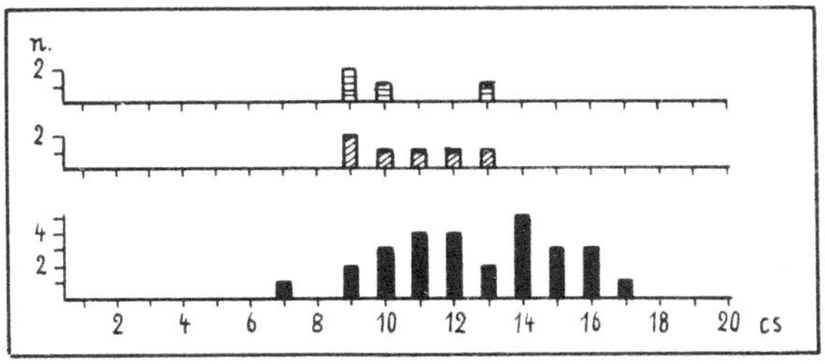
n.
2
2
4
2
2 4 6 8 10 12 14 16 18 20 cs

š

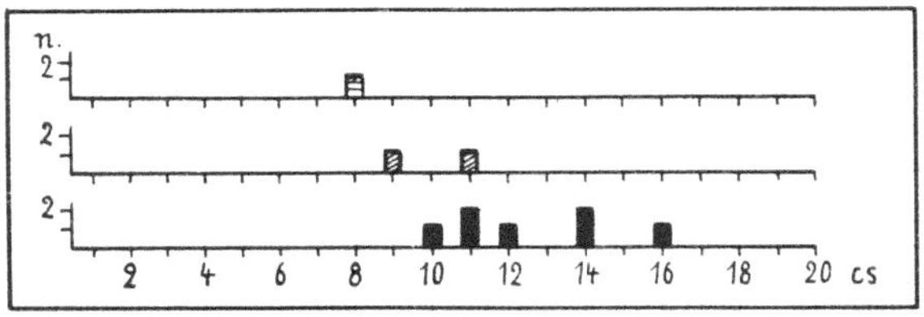
n.
2
2
2
2 4 6 8 10 12 14 16 18 20 cs

b

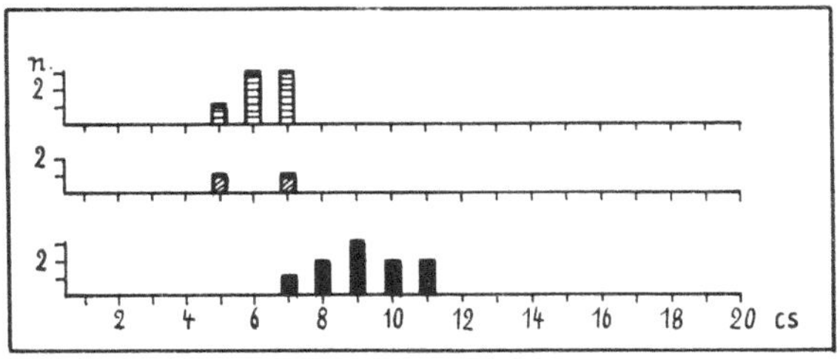
n.
2
2
2
2 4 6 8 10 12 14 16 18 20 cs

d

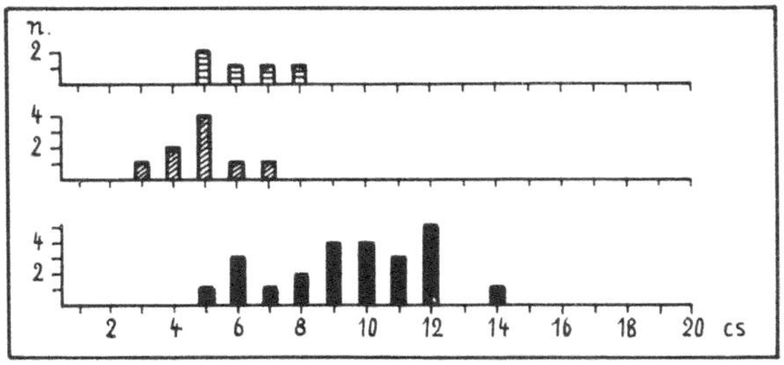
n.
2
4
2
4
2
2 4 6 8 10 12 14 16 18 20 cs

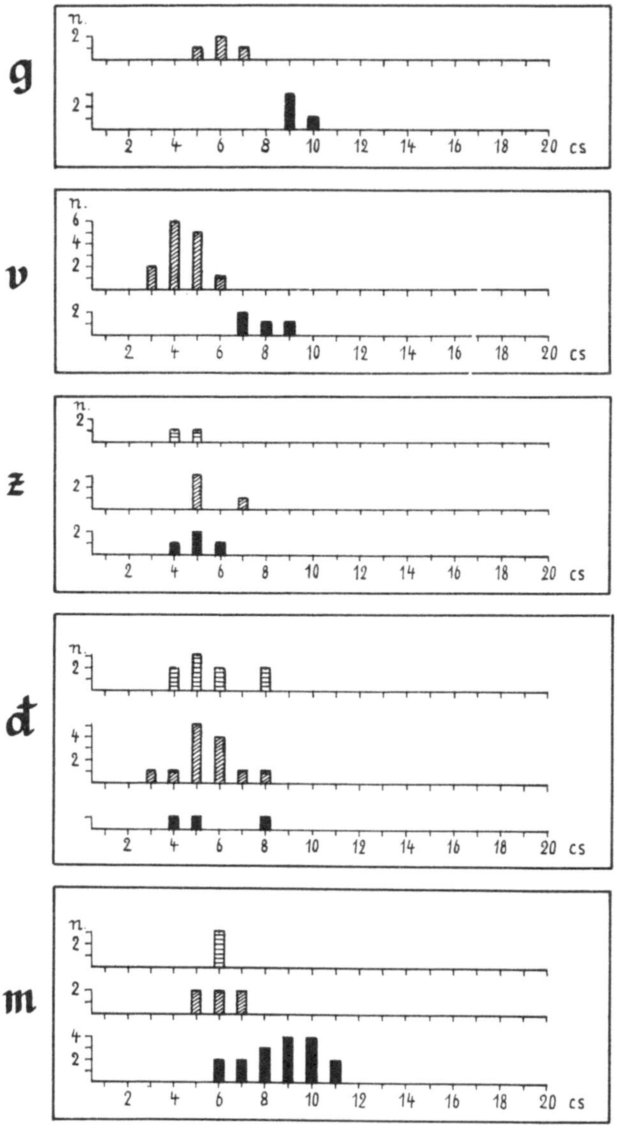
g
v
z
m
n.
2
4
6
2 4 6 8 10 12 14 16 18 20 cs

n

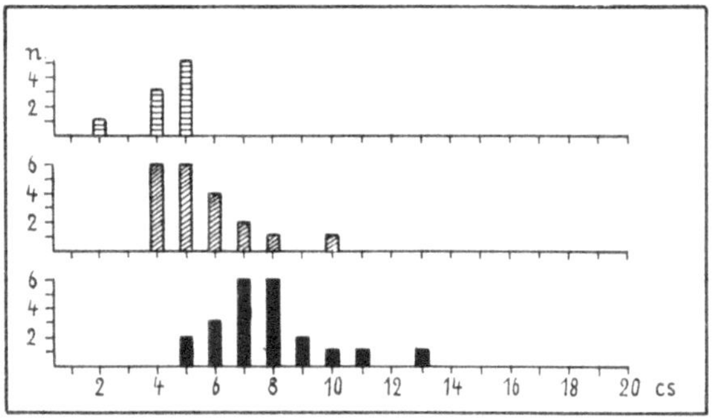
n.
2 4 6 8 10 12 14 16 18 20 cs

l

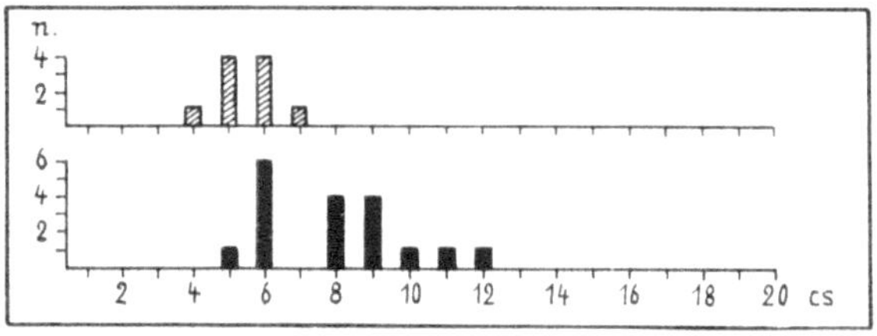
n.
2 4 6 8 10 12 14 16 18 20 cs

r

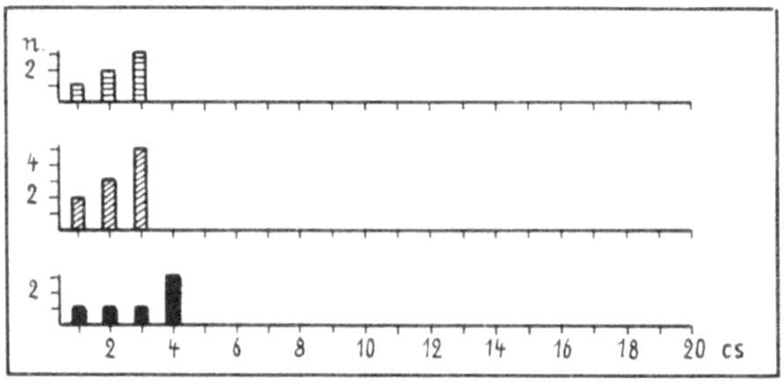
n.
2 4 6 8 10 12 14 16 18 20 cs

w

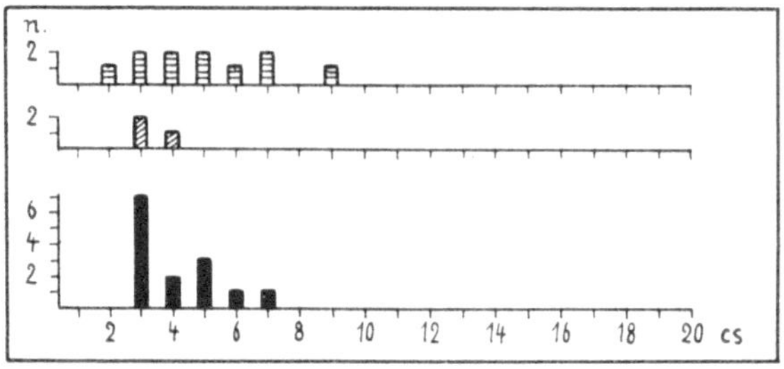
n.
2 4 6 8 10 12 14 16 18 20 cs

h

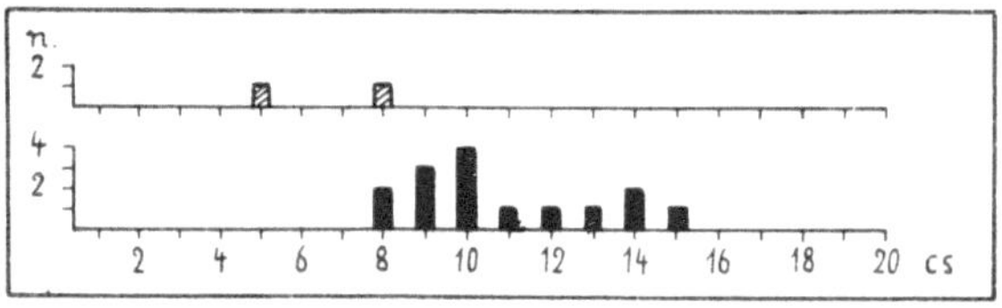
n.
2 4 6 8 10 12 14 16 18 20 cs

# Quantität intervokalischer Konsonanten im Verhältnis zur Länge des vorhergehenden Vokals. (Rhythmus „áta".)

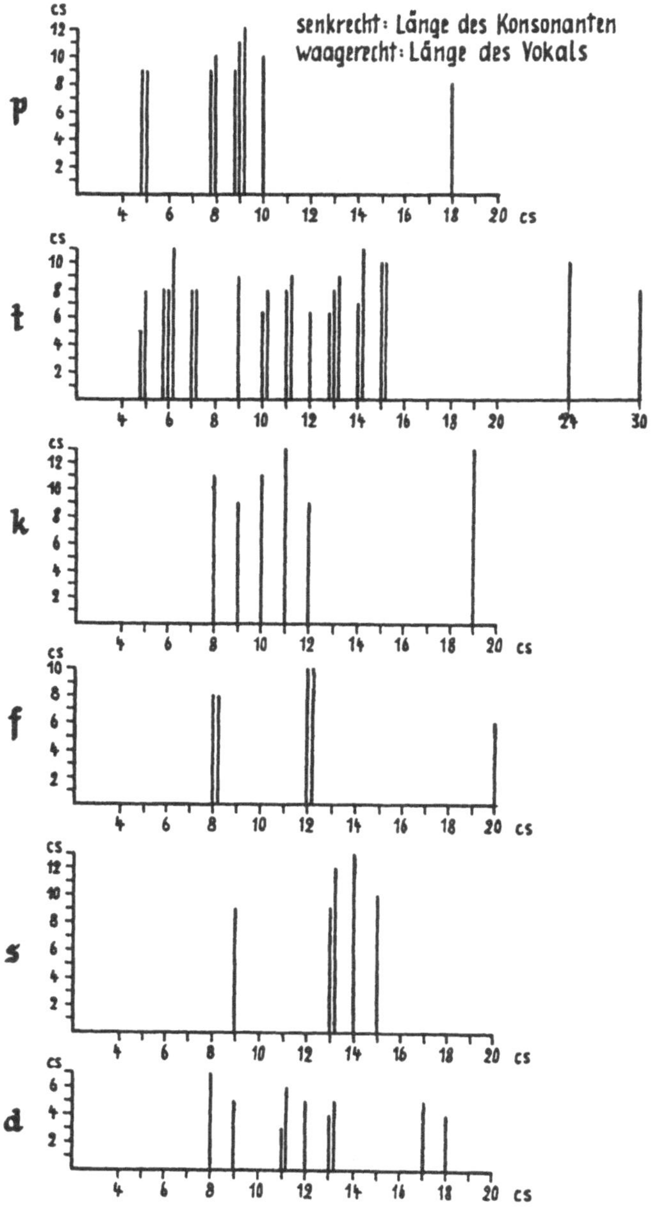

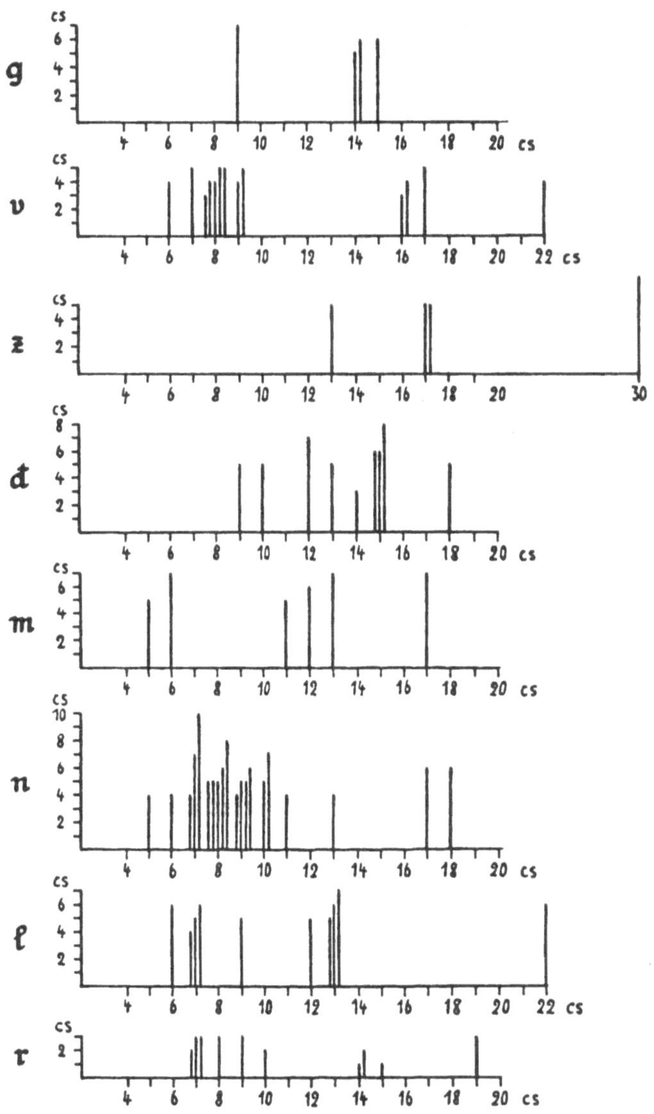
g
v
z
d
m
n
l
r
cs

# Einfluss der Tonhöhe des Grundtons auf die Klangfarbe der Vokale.

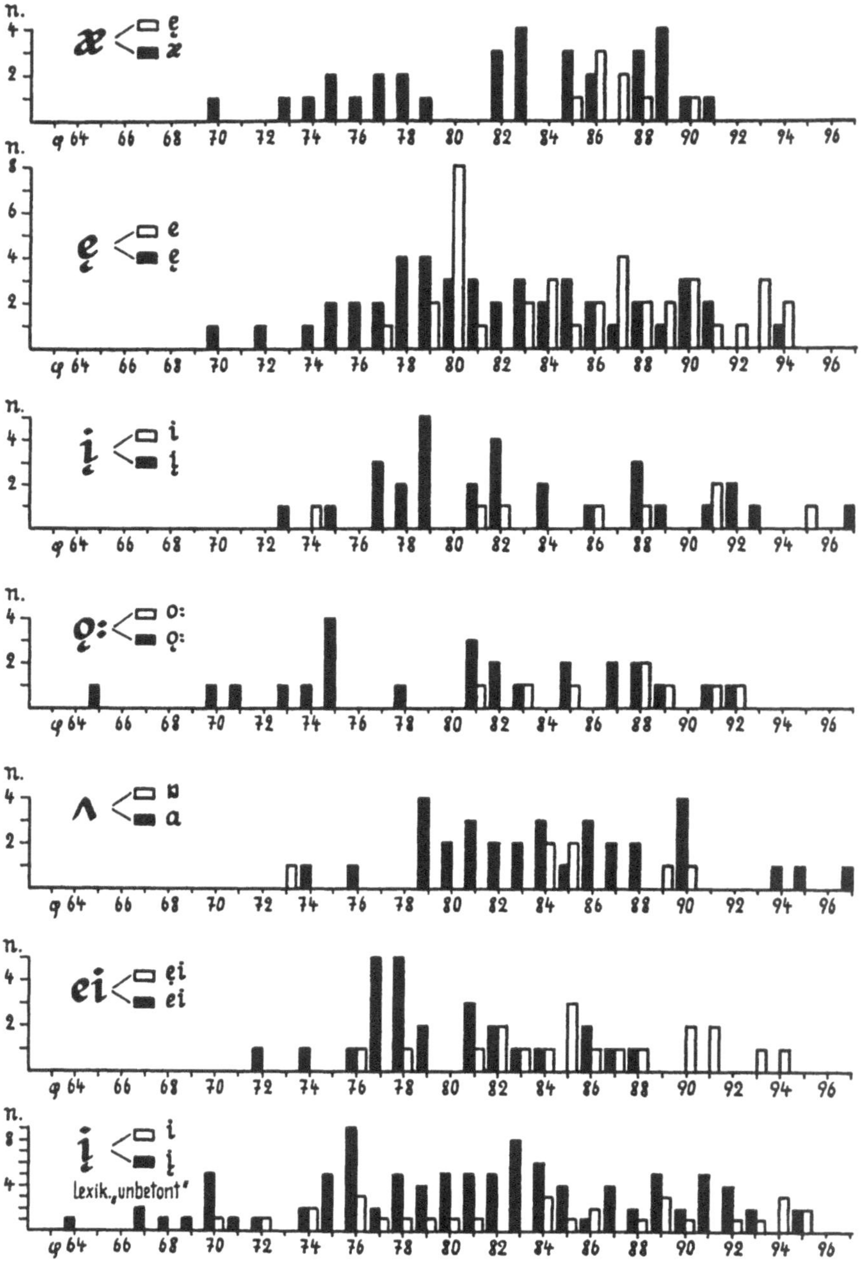

# Tonhöhen der Silben.

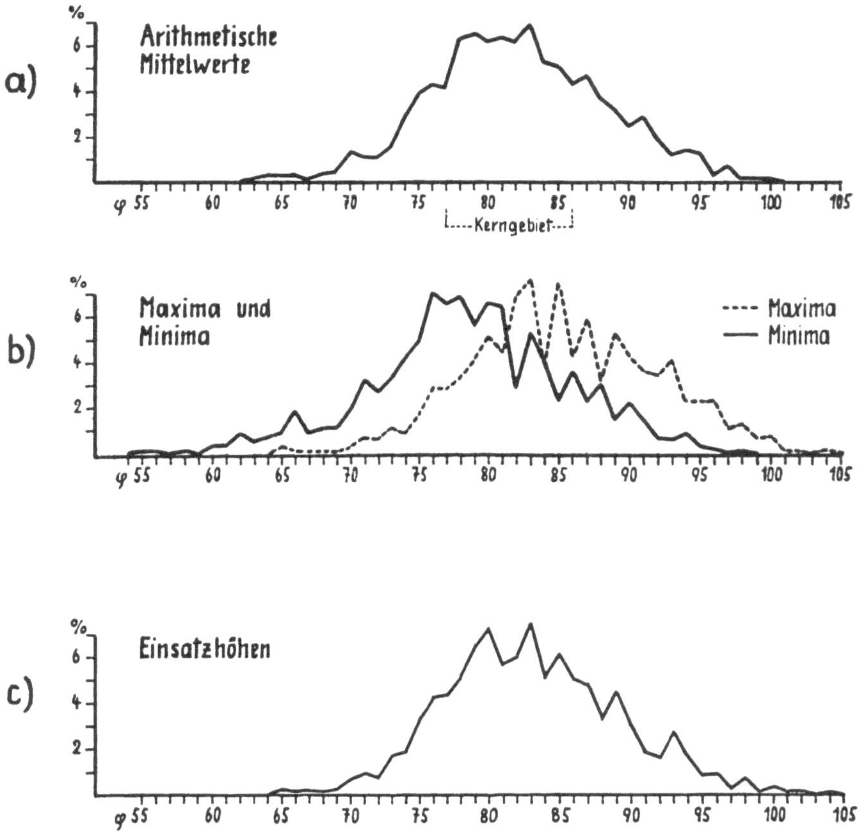

## a) Häufigkeit der Tonbewegungsrichtung

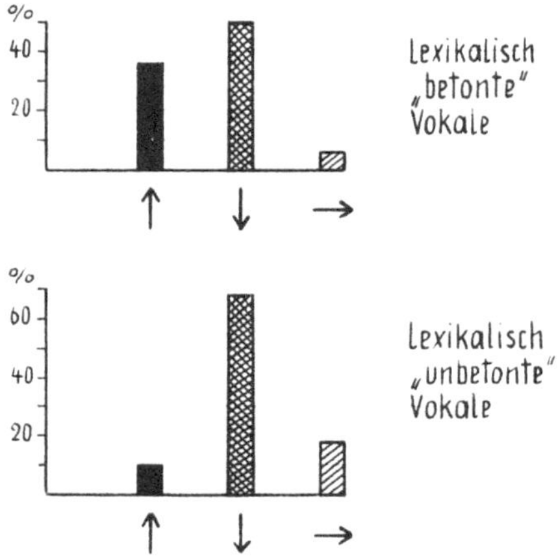


## b) Häufigkeitskurve der Silbenintervalle.

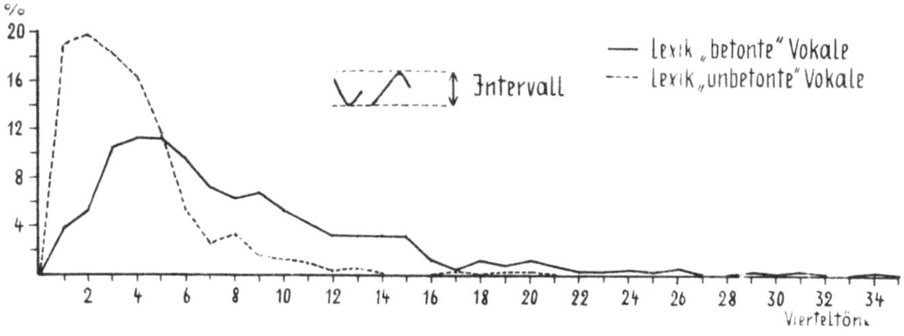

# Einsatzhöhen der Tonvokale nach Konsonanten.

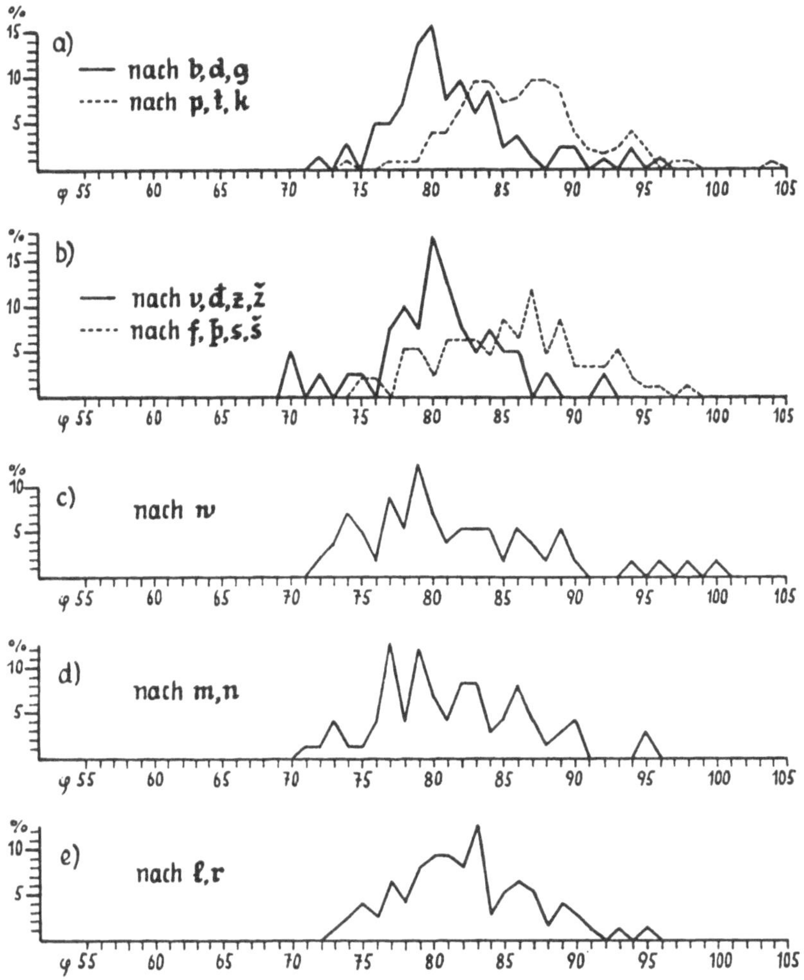

# Wortlisten zur Quantität der Vokale.

## i

| | | |
|---|---|---|
| | **Vor stl.Expl.** | |
| 6 cs | which | W. 801 |
| | which | 788 |
| | tit | 514 |
| 8 cs | it/ | 215 |
| - - - | - - - | - - - |
| 3 cs | little | 1084 |
| 6 cs | British | 1050 |
| | **Vor sth.Expl.** | |
| 7 cs | pig | 741 |
| | did | 342 |
| 9 cs | pig | 720 |
| | pig | 688 |
| | pig | 854 |
| 10 cs | pig | 621 |
| 11 cs | pig/ | 676 |
| 15 cs | pig/ | 616 |
| - - - | - - - | - - - |
| 4 cs | indignant | 938 |
| 5 cs | didn't | 285 |
| - - - | - - - | - - - |
| 8 cs | biblical | 139 |
| | **Vor stl.Spir.** | |
| 6 cs | if | 825 |
| 7 cs | if | 713 |
| | this | 545 |
| 8 cs | dish | 798 |
| 9 cs | this | 829 |
| | this | 955 |
| | dish/ | 649 |
| 11 cs | dish/ | 869 |
| - - - | - - - | - - - |
| 4 cs | official | 991 |
| | official/ | 878 |
| 5 cs | listened | 834 |
| 6 cs | official/ | 939 |
| 7 cs | permission/ | 442 |
| | **Vor sth.Spir.** | |
| 9 cs | with | 890 |
| - - - | - - - | - - - |
| 8 cs | given | 593 |
| | **Vor Nas.od.Liq.** | |
| 6 cs | in | 270 |
| 8 cs | in | 702 |
| 9 cs | in/ | 672 |
| - - - | - - - | - - - |
| 4 cs | simply | 1046 |
| 5 cs | minute | 837 |
| 9 cs | indeed (– –) | 1033 |
| - - - | - - - | - - - |
| 10 cs | influence/ | 1079 |
| - - - | - - - | - - - |
| 7 cs | still/ | 973 |
| - - - | - - - | - - - |
| 5 cs | familiar | 142 |

## i:

| | | |
|---|---|---|
| | **Vor stl.Expl.** | |
| 8 cs | asleep | W. 780 |
| 10 cs | sleep | 671 |
| | eat | 65 |
| | eat | 644 |
| 12 cs | eat | 74 |
| 10 cs | me to | 501 |
| - - - | - - - | - - - |
| 14 cs | eating/ | 828 |
| | **Vor sth.Expl.** | |
| 12 cs | he got | 700 |
| - - - | - - - | - - - |
| 11 cs | reading | 972 |
| 12 cs | reading | 902 |
| 13 cs | reading | 964 |
| 28 cs | indeed | 1033 |
| | **Vor stl.Spir.** | |
| 9 cs | piece | 250 |
| | **Vor sth.Spir.** | |
| 13 cs | me the | 594 |
| 15 cs | cheese/ | 381 |
| 16 cs | believe | 544 |
| 17 cs | cheese | 252 |
| 21 cs | believe | 297 |
| 22 cs | believe | 327 |
| 27 cs | cheese/ | 399 |
| 36 cs | cheese/ | 170 |
| - - - | - - - | - - - |
| 9 cs | leaving | 579 |
| | **Vor Nas.od.Liq.** | |
| 8 cs | seen | 316 |
| 16 cs | seen/ | 336 |
| - - - | - - - | - - - |
| 16 cs | meals/ | 805 |
| - - - | - - - | - - - |
| 12 cs | feeling | 842 |
| | **Vor Halbvok.u.h** | |
| 10 cs | he was | 577 |
| 14 cs | he would | 845 |
| - - - | - - - | - - - |
| 14 cs | three halfpence | 570 |
| | **Im Auslaut** | |
| 25 cs | he/ | 1015 |
| 30 cs | he/ | 310 |
| | tree/ | 469 |

## e

| | | |
|---|---|---|
| | **Vor stl.Expl.** | |
| 5 cs | set | W. 401 |
| | set | 204 |
| 6 cs | set | 786 |
| | get | 1081 |
| | kept | 1055 |
| 8 cs | wet/ | 739 |
| | deck | 727 |
| 9 cs | deck/ | 685 |
| - - - | - - - | - - - |
| 5 cs | connected | 889 |
| | expecting | 222 |
| | stretching | 102 |
| 7 cs | getting | 693 |
| 8 cs | weapons/ | 506 |
| | **Vor sth.Expl.** | |
| 6 cs | said (set) | 538 |
| 7 cs | said | 230 |
| | said | 339 |
| | said | 995 |
| 8 cs | said | 1014 |
| | said | 936 |
| | head | 1024 |
| 9 cs | bed/ | 759 |
| | said | 309 |
| 14 cs | said/ | 110 |
| 15 cs | said/ | 123 |
| - - - | - - - | - - - |
| 9 cs | already | 777 |
| | **Vor stl.Spir.** | |
| 7 cs | less | 560 |
| | less | 609 |
| - - - | - - - | - - - |
| 6 cs | question/ | 1068 |
| 7 cs | lesson/ | 133 |
| | Cheshire | 398 |
| 8 cs | vessel/ | 628 |
| | lesson | 269 |
| | protested | 173 |
| | **Vor sth.Spir.** | |
| 6 cs | never | 315 |
| 7 cs | never | 498 |
| 8 cs | never | 552 |
| | whenever | 34 |
| | however | 762 |
| | never | 601 |
| 9 cs | ever | 344 |
| 10 cs | weather | 734 |
| | together | 624 |
| | **Vor Nas.od.Liq.** | |
| 7 cs | when | 211 |
| 8 cs | spend | 679 |
| | spend | 723 |
| | went | 161 |
| 9 cs | then | 323 |

10 cs then 813
11 cs friend 864
friend 491
12 cs friends/ 394
friends/ 641
14 cs then/ 841

- - - - - - - - - - - - -

4 cs attention/ 1085
5 cs tempered 8
kennel 696
6 cs kennel/ 811
kennel 748
7 cs empty 868
penny/ 228
kennel 783
kennel 669
8 cs kennel/ 860
any 1005
9 cs friendship 659
10 cs any/ 367

- - - - - - - - - - - - -

6 cs anywhere 415
sensible 450
7 cs pennyworth/ 197
general 1030
8 cs anything 329
anything 288

- - - - - - - - - - - - -

9 cs anybody 355

- - - - - - - - - - - - -

6 cs himself/ 103
7 cs himself 374
sell 243

- - - - - - - - - - - - -

5 cs selfish 56
7 cs fellow/ 275

- - - - - - - - - - - - -

7 cs very 1066
very 639
very 736
8 cs very 1039
9 cs very 55
very 158

**æ**

Vor stl.Expl.

10 cs back 816
11 cs at 47
tat/ 516
that 209

- - - - - - - - - - - - -

7 cs happened 879
11 cs cattle 36
actor/ 385

- - - - - - - - - - - - -

10 cs practical 132·

- - - - - - - - - - - - -

10 cs accurately 979

Vor sth.Expl.

14 cs glad 1040
wagged 119
19 cs bad 7

- - - - - - - - - - - - -

8 cs habit 691

Vor sth.Spir.

9 cs have 558
10 cs have 1018
12 cs has 357
15 cs as 728
19 cs have/ 322

- - - - - - - - - - - - -

8 cs having 756
haven't 592
13 cs traveller 83
traveller 78

Vor Nasal

11 cs can/ 76
12 cs can 191
plan/ 794
19 cs understand/ 294
man/ 948
22 cs man 370
24 cs man/ 922
27 cs man/ 897

- - - - - - - - - - - - -

11 cs manner/ 927
12 cs handed 423
13 cs standing 97
standing 898

e statt æ.

Vor sth.Expl.

8 cs had 666
9 cs had 721
10 cs had 371

Vor Liquida

10 cs carry 433
14 cs Garrick 406
Garrick 421

**ɑ:**

Vor stl.Expl.

14 cs start 88
15 cs barked 46

- - - - - - - - - - - - -

10 cs department 1027
11 cs department/ 892
13 cs sharpening 461
sharpening 473
sharpening 504

Vor sth.Expl.

31 cs large 396

Vor stl.Spir.

15 cs fast 779
20 cs asked 407
21 cs half/ 258

- - - - - - - - - - - - -

14 cs master/ 130
passing 882

- - - - - - - - - - - - -

17 cs afterwards/ 909

Vor sth.Spir.

19 cs carve/ 405

**ʌ**

1. **a**

Vor stl.Expl.

5 cs cut 248
cut 445
cut 379
uncut 397
cut 179
struck 527
6 cs much 1072
cut 413
ups 146
7 cs cut/ 192

- - - - - - - - - - - - -

5 cs supper/ 852

- - - - - - - - - - - - -

5 cs twopenny 521

Vor sth.Expl.

5 cs public/ 1051

Vor stl.Spir.

8 cs tusks 475
tusks 463
9 cs dusk/ 698
just 85
disgust/ 765
10 cs us 73

- - - - - - - - - - - - -

7 cs customer 224

Vor sth.Spir.

9 cs others 320
12 cs others 333

Vor Nasal

6 cs come 104
come 847
8 cs some 207
funds 156

- - - - - - - - - - - - -

4 cs huntsman 486
5 cs becoming 992
6 cs hungry 843
13 cs uncut (∸ ∸) 397

- - - - - - - - - - - - -

5 cs comfortable/ 24
company 390
11 cs unable (∸ ∸) 177

- - - - - - - - - - - - -

5 cs comfortable 758

5 cs comfortable 668

2. [ɐ]

Vor stl.Expl.

6 cs much 532
up 234
7 cs such 300
8 cs up 256

Vor stl.Spir.

9 cs rushed 857

Vor Nasal

6 cs trunk 466
9 cs one 59
10 cs one 10
one 872
one 257
11 cs one 455
one 730

- - - - - - - - - - - - -

5 cs country 302

- - - - - - - - - - - - -

8 cs understand/ 294

3. [o]

Vor Nasal

8 cs once 623
9 cs one 653
one 152
one 1047
once 856
10 cs one 884

4. [ʌ]

Vor stl.Spir.

8 cs just 575

[o]

Vor stl.Expl.

6 cs what 984
7 cs fox/ 479
what 111
shocked/ 917
shop/ 267
what 185
8 cs fox 454
stop 32
shop/ 164
9 cs not 335
got 716
10 cs what 53
got 366
11 cs got 701
shop/ 581

- - - - - - - - - - - - -

5 cs doctor/ 195
7 cs oxen/ 62
doctor/ 232
doctor 134
8 cs shopman 172

- - - - - - - - - - - - -

6 cs occupied 923

Vor sth.Expl.

14 cs dog 618
dog 2
15 cs dog 613
16 cs dog 715
dog 665
dog 108
17 cs dog 118
18 cs dog 96
19 cs dog/ 774
dog/ 832
20 cs dog/ 57
dog/ 9
dog/ 81
dog/ 705
dog/ 819

- - - - - - - - - - - - -

10 cs anybody 355

Vor stl.Spir.

7 cs office/ 1032
8 cs office 877

- - - - - - - - - - - - -

8 cs offices 888

Vor Nas.od.Liq.

9 cs on 572
on 219
10 cs long 634
12 cs along 105
14 cs on 726
15 cs John 135

- - - - - - - - - - - - -

8 cs astonished 277
11 cs Tommy/ 590

- - - - - - - - - - - - -

7 cs quantity/ 183
quantity 189

- - - - - - - - - - - - -

7 cs scholar/ 140
9 cs acknowledge 373

[o:]

Vor stl.Expl.

12 cs caught/ 376
thought 742
thought 769
13 cs short 662
bought 519
14 cs walked 263
15 cs thought 844
16 cs ought 509

- - - - - - - - - - - - -

9 cs unfortunate 675

Vor sth.Expl.

18 cs board 626

Vor stl.Spir.

11 cs course 350
20 cs off/ 52

Vor sth.Spir.

18 cs before the 703
32 cs yours/ 1008

Vor Nas.od.Liq.

14 cs formed 792

- - - - - - - - - - - - -

14 cs small 182
16 cs small 887

- - - - - - - - - - - - -

13 cs smallest 188

- - - - - - - - - - - - -

15 cs before (bifor) 402
17 cs your (jor) 1078

Vor Vok.u.Halbv.

12 cs saw [h]is 94
19 cs saw a 895
23 cs saw you 962
26 cs door and 100

Im Auslaut

29 cs before/ 729
41 cs boar/ 452

[u]

Vor stl.Expl.

5 cs took 796
took 255
6 cs put 569

Vor sth.Expl.

6 cs good 750
8 cs good 640

- - - - - - - - - - - - -

4 cs couldn't 290
5 cs couldn't 707

[u:]

Vor stl.Spir.

15 cs few friends 393
20 cs do for 499

Vor sth.Spir.

14 cs using 512

Vor Nas.od.Liq.

20 cs you master 129

- - - - - - - - - - - - -

13 cs foolish 273

Vor Vokal

8 cs doing 945
9 cs doing 934
11 cs two hours 1059

Im Auslaut

27 cs two/ 839
30 cs two/ 254

**ɜ:**

Vor stl.Expl.

19 cs work 790

- - - - - - - - - - - -

12 cs purchase 166

- - - - - - - - - - - -

10 cs certainly 338

Vor sth.Expl.

14 cs occurred 771

- - - - - - - - - - - -

9 cs clergyman/ 280
10 cs clergyman/ 307

Vor stl.Spir.

16 cs first/ 718
17 cs pennyworth/ 197
20 cs sir said 1013

Vor sth.Spir.

16 cs observing/ 438
servant/ 428

Vor Nasal

13 cs concern 1006
15 cs turned 710
18 cs turned 814
24 cs return/ 968

- - - - - - - - - - - -

14 cs returning 910
17 cs journey/ 91

Im Auslaut

17 cs sir/ 988

**ai**

Vor stl.Expl.

11 cs quite 978
12 cs quite 563
night 725
13 cs like 417
polite 982
15 cs night 681
16 cs night/ 731
right 564

- - - - - - - - - - - -

11 cs frighten 50

Vor sth.Expl.

13 cs replied 198
21 cs obliged 1073
29 cs outside 865

Vor stl.Spir.

13 cs price 596
15 cs nice 22
16 cs knife/ 236
14 cs I say 588

Vor Nas.od.Liq.

13 cs time/ 871
14 cs time/ 751
15 cs time/ 663
16 cs find 970
18 cs I'm 1044
find 919
mind 30
sign 483
21 cs mind 602
18 cs my name 1002

- - - - - - - - - - - -

19 cs dining 388

---

15 cs while 673
20 cs wild 459
wild 451

Im Auslaut

27 cs reply/ 983

**ei**

Vor stl.Expl.

8 cs make 745
10 cs state 975
15 cs weight/ 550

- - - - - - - - - - - -

8 cs taking 233
9 cs halfpence 571
10 cs paper/ 966
waiting 114
baker/ 556
11 cs baker/ 525
waiting 127
12 cs baker/ 541
13 cs waiting 1057
14 cs say Tommy 589

- - - - - - - - - - - -

8 cs halfpennyworth 168
9 cs halfpenny/ 261
newspaper/ 904

Vor sth.Expl.

11 cs made 27
15 cs made 689
17 cs weighed 214
made 821

Vor stl.Spir.

9 cs placed 807
13 cs faith/ 271

- - - - - - - - - - - -

14 cs wasting 870

Vor sth.Spir.

21 cs pay the 226

Vor Nasal

10 cs same 768
14 cs came 953
15 cs same 926
same 648
same 913
same 921
16 cs came 37
became 638
17 cs name 1003
18 cs name 987

- - - - - - - - - - - -

12 cs famous 138
13 cs famous 384

Im Auslaut

30 cs day/ 11
34 cs hay/ 42
way/ 914
40 cs day/ 873
43 cs day/ 456

e statt ei

Vor stl.Expl.

9 cs baker 583

- - - - - - - - - - - -

8 cs halfpennyworth/245

Vor stl.Spir.

14 cs case 977

Vor sth.Spir.

16 cs occasion/ 153

- - - - - - - - - - - -

18 cs occasionally 656

Vor Nasal

11 cs name 1012
12 cs exclaimed 58

- - - - - - - - - - - -

15 cs manger/ 5
16 cs manger/ 17

Vor Vokal

9 cs weighing 206
21 cs hay himself 67

## au

Vor stl.Expl.

11 cs how to 241
12 cs out 645
13 cs out 264
out 585
15 cs out 848
17 cs out/ 711

- - - - - - - - - - - -

10 cs counter/ 574
13 cs outside (- -) 865

Vor stl.Spir.

11 cs house/ 437
20 cs now said 229

Vor Nasal

14 cs found 19
found 12
17 cs found 761
19 cs hound/ 488
downs 148
21 cs bound 631
31 cs Brown/ 136

- - - - - - - - - - - -

9 cs counter/ 221

## ou

Vor stl.Expl.

13 cs awoke 830

Vor stl.Spir.

9 cs post 1031
both 144
10 cs post 876
12 cs loaf 522
loaf 546
14 cs host/ 409
15 cs loaf/ 599
18 cs no sign 482

- - - - - - - - - - - -

12 cs boasting 282
13 cs grocer/ 200

Vor sth.Spir.

14 cs supposed 931
14 cs so the 686
15 cs know that 1000
know that 950

- - - - - - - - - - - -

17 cs over 957

Vor Nas.od.Liq.

6 cs don't 543
10 cs don't 999
16 cs home/ 448
18 cs own 347

13 cs so nice 21

- - - - - - - - - - - -

12 cs only 126

---

8 cs old 279
9 cs cold 684
10 cs cold 737

Vor Vok.od.h

12 cs so [h]e 246
16 cs know others 319
17 cs so afterwards 908

---

17 cs so he 784

Im Auslaut

28 cs no/ 360
35 cs know/ 1020
39 cs ago/ 960

o statt ou

Vor Nasal

20 cs oh never 600
oh never 551

## oi

Vor sth.Expl.

26 cs voyage/ 635
32 cs boy bought 518

Vor sth.Spir.

30 cs noise 823

Vor Liquida

9 cs spoiled 657

Im Auslaut

30 cs boy/ 567
33 cs boy/ 605

## iə

Vor stl.Expl.

15 cs hear it/ 1042
24 cs near to 38

Vor stl.Spir.

19 cs dear friend 490
25 cs here for 115

Vor sth.Spir.

15 cs near the 809

Vor Halbvokal

24 cs here waiting 1056

## eə

Vor stl.Expl.

30 cs where to 377

Vor stl.Spir.

18 cs their friendship 658

Vor sth.Spir.

21 cs share the 850

Vor Liquida

22 cs fairly 375

Vor Halbvok.u.h

18 cs there was 651

---

25 cs their hay 41
33 cs there he 893

Im Auslaut

22 cs there/ 33

## oə

Vor stl.Expl.

18 cs your permission 441

Vor h

24 cs insure having 755

Im Auslaut

24 cs for/ 476
27 cs for/ 116
30 cs boar/ 495
35 cs boar/ 460

## uə

Vor Nasal

14 cs your name 986

# Wortlisten zur Quantität der Konsonanten.

## p

### Intervokalisch

#### Vor Starkton

| | | |
|---|---|---|
| 6 cs | sleep in | W. 671 |
| 11 cs | the pig | 741 |
| | supposed | 931 |
| 12 cs | a pennyworth | 197 |
| | the piece | 250 |
| 13 cs | the paper | 966 |
| | to purchase | 166 |
| | the penny | 228 |
| 14 cs | department | 892 |
| | the pig | 720 |
| | the pig | 688 |
| | the pig | 854 |
| 15 cs | be passing | 882 |
| | department | 1027 |
| | a pig | 621 |
| 18 cs | to pay | 226 |
| | the pig | 616 |

#### Vor Schwacht.nach Starkt.

| | | |
|---|---|---|
| 8 cs | your permission | 442 |
| 9 cs | halfpenny | 261 |
| | weapons | 506 |
| | twopenny | 521 |
| | supper | 852 |
| 10 cs | paper | 966 |
| | halfpennyworth | 245 |
| 11 cs | newspaper | 904 |
| 12 cs | halfpence | 571 |

#### In schwachtoniger Umgebg.

| | | |
|---|---|---|
| 7 cs | up his | 28 |
| 10 cs | occupied | 923 |
| 12 cs | thereupon | 422 |
| 16 cs | the polite | 982 |

---

### Nach Nas.od.Liq.

#### Vor Starkton

| | | |
|---|---|---|
| 10 cs | and put | 569 |
| 12 cs | general post | 1031 |

#### Vor Schwacht.nach Starkt.

| | | |
|---|---|---|
| 7 cs | tempered | 8 |

---

### Vor Nas.od.Liq.

#### Vor Starkton

| | | |
|---|---|---|
| 12 cs | replied | 198 |
| | the price | 596 |
| 13 cs | he placed | 217 |
| 14 cs | reply | 1036 |
| 15 cs | reply | W. 983 |
| 16 cs | a plan | 794 |

#### Vor Schwacht.nach Starkt.

| | | |
|---|---|---|
| 6 cs | simple question | 1087 |
| 9 cs | happened | 879 |
| 11 cs | halfpennyworth | 168 |
| | simply | 1046 |
| 12 cs | sharpening | 504 |
| 13 cs | shopman | 172 |

## t

### Intervokalisch

#### Vor Starkton

| | | |
|---|---|---|
| 6 cs | but if | 712 |
| | quite accurately | 978 |
| 7 cs | it on | 218 |
| 8 cs | let us | 72 |
| | got any | 366 |
| | it out | 644 |
| 10 cs | night on | 725 |
| 12 cs | he took | 796 |
| | protested | 173 |
| | your tusks | 475 |
| | say Tommy | 590 |
| 13 cs | a twopenny | 521 |
| 14 cs | returning | 910 |
| | attention | 1085 |
| 15 cs | return | 968 |
| | or two | 839 |
| | be turned | 710 |
| 17 cs | for two | 1059 |
| 18 cs | for tat | 516 |

#### Vor Schwacht.nach Starkt.

| | | |
|---|---|---|
| 5 cs | cut it | 445 |
| 6 cs | out of | 264 |
| | me to | 502 |
| | out of | 645 |
| 7 cs | start on | 88 |
| 8 cs | what a | 53 |
| | getting | 693 |
| | where to | 378 |
| | set his | 786 |
| | waiting | 1057 |
| | what a | 928 |
| | what a | 111 |
| | set about | 204 |
| | how to | 242 |
| | cut it | 413 |
| | waiting | 114 |
| | what a | 470 |
| 9 cs | got in | 716 |
| | waiting | 127 |
| | bought a | 519 |
| 10 cs | night on | 681 |
| | out and | 848 |
| | near to | 39 |
| 11 cs | British | 1050 |
| | eating | 828 |

#### In schwachtoniger Umgebg.

| | | |
|---|---|---|
| 5 cs | that he | W. 25 |
| | comfortable | 668 |
| | out of | 799 |
| 6 cs | that I | 1021 |
| | that occasionally | 655 |
| | it at | 446 |
| | it would | 496 |
| | at a | 523 |
| 7 cs | minute or | 837 |
| | that I | 951 |
| 8 cs | comfortable | 758 |
| | quantity | 189 |
| | what I | 943 |
| 10 cs | customer to | 225 |
| 11 cs | habit of | 691 |
| 12 cs | quantity | 183 |
| 13 cs | answer to | 1064 |
| 14 cs | however to | 763 |

---

### Nach Nas.od.Liq.

#### Vor Starkton

| | | |
|---|---|---|
| 9 cs | and told | 430 |
| 10 cs | then turned | 814 |
| 11 cs | in two | 254 |
| 18 cs | wasting time | 871 |

#### Vor Schwacht.nach Starkt.

| | | |
|---|---|---|
| 5 cs | quantity | 189 |
| 7 cs | quantity | 183 |
| 8 cs | some to | 208 |
| | went into | 161 |
| 9 cs | counter | 221 |

#### In schwachtoniger Umgebg.

| | | |
|---|---|---|
| 4 cs | into | 858 |
| | department in | 1027 |
| | into | 694 |
| 5 cs | them to | 49 |
| 6 cs | him to | 432 |
| | going to | 87 |
| | indignant official | 938 |
| | him to | 404 |
| 8 cs | kennel to | 670 |
| 9 cs | unable to | 178 |
| | into | 162 |
| 10 cs | into | 15 |

---

### Vor Nas.od.Liq.

#### Vor Starkton

| | | |
|---|---|---|
| 10 cs | it near | 808 |
| 11 cs | that my | 1001 |

Vor Schwacht.nach Starkt.

| | | | |
|---|---|---|---|
| 8 | cs | certainly | 338 |
| 9 | cs | little | 1084 |
| | | cattle | 36 |
| 10 | cs | frighten | 50 |
| 11 | cs | won't let | 71 |
| 12 | cs | department | 1027 |
| 14 | cs | get me | 1081 |
| 16 | cs | department | 892 |

In schwachtoniger Umgebg.

| | | | |
|---|---|---|---|
| 12 | cs | accurately | 979 |

## k

Intervokalisch

Vor Starkton

| | | | |
|---|---|---|---|
| 9 | cs | took up | 255 |
| 1o | cs | Garrick asked | 406 |
| 12 | cs | to cut | 379 |
| | | became | 638 |
| | | a country | 302 |
| | | I came | 953 |
| | | the cattle | 36 |
| | | he could | 290 |
| | | a comfortable | 758 |
| | | the case | 977 |
| | | he cut | 248 |
| 13 | cs | becoming | 992 |
| | | a comfortable | 668 |
| | | the kennel | 748 |
| | | he can't | 64 |
| | | he could | 707 |
| | | baker called | 584 |
| | | to carry | 433 |
| 14 | cs | the cold | 684 |
| | | the kennel | 783 |
| | | the counter | 574 |
| | | the kennel | 860 |
| | | the kennel | 811 |
| 15 | cs | the kennel | 696 |
| | | occasion | 153 |
| | | to cut | 179 |
| | | to carry | 562 |
| | | you can | 191 |
| | | the counter | 221 |
| 16 | cs | occasionally | 656 |
| | | who can | 76 |
| | | to carve | 405 |
| | | occurred | 771 |
| | | to count | 611 |
| 17 | cs | very cold | 737 |
| 21 | cs | fairly caught | 376 |

Vor Schwacht.nach Starkt.

| | | | |
|---|---|---|---|
| 9 | cs | baker | 583 |
| | | baker | 541 |
| 11 | cs | taking | 233 |
| | | baker | 556 |
| 13 | cs | work and | 790 |
| | | baker's | 525 |

In schwachtoniger Umgebg.

| | | | |
|---|---|---|---|
| 10 | cs | any concern | 1006 |

Nach Nas.od.Liq.

Vor Starkton

| | | | |
|---|---|---|---|
| 10 | cs | been kept | 1055 |
| | | in company | 390 |
| 11 | cs | and comfortable | 24 |
| | | can cut | 192 |
| | | comfortable kennel | 669 |
| 13 | cs | uncut | 397 |
| 14 | cs | will cut | 445 |
| 16 | cs | cattle came | 37 |

Vor Schwacht.nach Starkt.

| | | | |
|---|---|---|---|
| 9 | cs | trunk of | 466 |

Vor Nas.od.Liq.

Vor Starkton

| | | | |
|---|---|---|---|
| 10 | cs | acknowledge | 373 |
| 13 | cs | the clergyman | 307 |

In schwachtoniger Umgebg.

| | | | |
|---|---|---|---|
| 9 | cs | practical | 132 |
| 12 | cs | biblical | 139 |

## f

Intervokalisch

Vor Starkton

| | | | |
|---|---|---|---|
| 9 | cs | the famous | 384 |
| 10 | cs | official | 939 |
| | | official | 991 |
| 11 | cs | official | 878 |
| | | the famous | 138 |
| | | he found | 761 |
| 12 | cs | to find | 919 |
| 13 | cs | the fox | 479 |
| | | here for | 116 |
| | | before | 703 |
| 15 | cs | a fox | 454 |
| | | a foolish | 273 |
| | | the fire | 901 |
| 16 | cs | before | 729 |

Vor Schwacht.nach Starkt.

| | | | |
|---|---|---|---|
| 6 | cs | do for | 500 |
| 8 | cs | office | 877 |
| | | offices | 888 |
| 10 | cs | loaf at | 522 |
| | | loaf is | 546 |

In schwachtoniger Umgebg.

| | | | |
|---|---|---|---|
| 13 | cs | before the | 899 |

Nach Nas.od.Liq.

Vor Starkton

| | | | |
|---|---|---|---|
| 8 | cs | and found | 19 |
| | | and find | 970 |
| 10 | cs | unfortunate | 675 |
| 11 | cs | and formed | 792 |
| 12 | cs | in first | 718 |
| | | young fellow | 275 |
| | | lying fast | 779 |
| 16 | cs | in faith | 271 |

Vor Schwacht.nach Starkt.

| | | | |
|---|---|---|---|
| 8 | cs | comfortable | 758 |
| 10 | cs | influence | 1079 |

## s

Intervokalisch

Vor Starkton

| | | | |
|---|---|---|---|
| 7 | cs | famous actor | 384 |
| 9 | cs | sir said | 1014 |
| | | now said | 230 |
| 10 | cs | he set | 538 |
| | | I say | 589 |
| | | he set | 786 |
| 11 | cs | the same | 648 |
| | | the same | 768 |
| | | certainly said | 339 |
| | | us eat | 73 |
| 12 | cs | the sensible | 450 |
| | | he saw | 94 |
| | | very simple | 1067 |
| | | he said | 110 |
| 13 | cs | to sell | 243 |
| | | instantly set | 204 |
| 14 | cs | they soon | 637 |
| | | the supper | 852 |
| | | no sign | 483 |
| | | sir said | 936 |
| | | very selfish | 56 |
| 15 | cs | or so | 908 |
| | | the same | 921 |
| | | the same | 913 |
| 16 | cs | never seen | 316 |
| | | ever see | 345 |
| | | the same | 926 |
| 17 | cs | he saw | 895 |

Vor Schwacht.nach Starkt.

| | | | |
|---|---|---|---|
| 9 | cs | price of | 596 |
| | | piece of | 250 |
| 10 | cs | nice and | 22 |
| 11 | cs | this awoke | 829 |
| 12 | cs | grocer | 200 |
| 13 | cs | passing | 882 |

In schwachtoniger Umgebg.

| | | | |
|---|---|---|---|
| 9 | cs | purchase a | 166 |
| | | you supposed | 931 |
| 10 | cs | office official | 877 |
| 13 | cs | offices | 888 |

**Nach Nas.od.Lig.**

**Vor Starkton**

| | | |
|---|---|---|
| 9 cs | weighing some | 207 |
| 10 cs | halfpence on | 571 |
| | concern | 1006 |
| 11 cs | well said | 995 |
| 12 cs | I'm simply | 1046 |
| | himself | 375 |
| | name sir | 988 |
| 13 cs | and said | 123 |
| 17 cs | and saw | 962 |

**Vor Schwacht.nach Starkt.**

| | | |
|---|---|---|
| 10 cs | once astonished | 276 |
| | sensible | 450 |
| 12 cs | answer | 1063 |
| 15 cs | answer | 420 |

**In schwachtoniger Umgebg.**

| | | |
|---|---|---|
| 8 cs | doing said | 946 |

- - - - - - - - - - - - -

**Vor Nas.od.Lig.**

**Vor Starkton**

| | | |
|---|---|---|
| 13 cs | this room | 955 |
| 15 cs | the smallest | 188 |
| | asleep | 780 |
| 16 cs | this loaf | 545 |
| | a small | 182 |
| 18 cs | course not | 350 |
| 19 cs | once rushed | 856 |
| | to sleep | 671 |
| 20 cs | the small | 887 |

**Vor Schwacht.nach Starkt.**

| | | |
|---|---|---|
| 12 cs | listened | 834 |
| 14 cs | vessel | 628 |
| 15 cs | lesson | 133 |
| 16 cs | lesson | 269 |

## þ

**Intervokalisch**

**In schwachtoniger Umgebg.**

| | | |
|---|---|---|
| 9 cs | halfpennyworth of | 168 |
| 10 cs | anything | 288 |
| | anything | 329 |

- - - - - - - - - - - - -

**Nach Nasal**

**Vor Starkton**

| | | |
|---|---|---|
| 10 cs | one thing | 654 |

- - - - - - - - - - - - -

**Vor Liquida**

**Vor Starkton**

| | | |
|---|---|---|
| 14 cs | came through | 954 |

## ʃ

**Intervokalisch**

**Vor Starkton**

| | | |
|---|---|---|
| 10 cs | you sharpening | 473 |
| 11 cs | the shopman | 172 |
| | a short | 662 |
| 12 cs | be sharpening | 504 |
| 14 cs | the shop | 267 |
| | the shop | 581 |
| 16 cs | a shop | 164 |

**Vor Schwacht.nach Starkt.**

| | | |
|---|---|---|
| 9 cs | Cheshire | 398 |
| 11 cs | dish out | 798 |

**In schwachtoniger Umgebg.**

| | | |
|---|---|---|
| 8 cs | he should | 412 |

- - - - - - - - - - - - -

**Nach Nas.od.Lig.**

**Vor Starkton**

| | | |
|---|---|---|
| 14 cs | will show | 239 |
| | insure | 755 |
| 15 cs | and share | 850 |

- - - - - - - - - - - - -

**Vor Nas.od.Lig.**

**Vor Schwacht.nach Starkt.**

| | | |
|---|---|---|
| 11 cs | permission | 442 |
| 12 cs | official | 991 |
| | official | 939 |
| 13 cs | official | 878 |
| 14 cs | attention | 1085 |

**In schwachtoniger Umgebg.**

| | | |
|---|---|---|
| 8 cs | I shall | 1070 |

## b

**Intervokalisch**

**Vor Starkton**

| | | |
|---|---|---|
| 7 cs | the baker | 583 |
| 8 cs | the boy | 605 |
| | a bad | 7 |
| 9 cs | the baker | 556 |
| | the boy | 567 |
| | a baker's | 525 |
| 10 cs | the baker | 541 |
| | by boasting | 282 |
| 11 cs | a boy | 518 |
| | boy bought | 519 |

**Vor Schwacht.nach Starkt.**

| | | |
|---|---|---|
| 5 cs | habit | 691 |
| 7 cs | do you believe | 297 |

**In schwachtoniger Umgebg.**

| | | |
|---|---|---|
| 5 cs | to be | 881 |
| 6 cs | to be | 503 |
| | to be | 511 |
| | to be | 933 |
| 7 cs | to believe | 327 |
| | about | 205 |
| | anybody | 355 |

- - - - - - - - - - - - -

**Nach Nas.od.Lig.**

**Vor Starkton**

| | | |
|---|---|---|
| 6 cs | on board | 626 |
| 8 cs | and barked | 46 |
| 12 cs | comfortable bed | 759 |

**Vor Schwacht.nach Starkt.**

| | | |
|---|---|---|
| 3 cs | soon became | 638 |
| | in before | 703 |

**In schwachtoniger Umgebg.**

| | | |
|---|---|---|
| 5 cs | official becoming | 992 |
| 6 cs | standing before | 899 |
| | shall be | 1071 |
| | returning by | 911 |

- - - - - - - - - - - - -

**Vor Liquida**

**Vor Starkton**

| | | |
|---|---|---|
| 6 cs | comfortable | 24 |
| 7 cs | own brains | 348 |
| 10 cs | obliged | 1073 |

**Vor Schwacht.nach Starkt.**

| | | |
|---|---|---|
| 5 cs | biblical | 139 |
| 6 cs | unable | 177 |

**In schwachtoniger Umgebg.**

| | | |
|---|---|---|
| 5 cs | comfortable | 668 |

## d

**Intervokalisch**

**Vor Starkton**

| | | |
|---|---|---|
| 5 cs | weighed it | 214 |
| 6 cs | empty dish | 869 |
| | I don't | 543 |
| | would eat | 643 |
| 7 cs | he did | 285 |
| 8 cs | the doctor | 232 |
| | I don't | 999 |
| 9 cs | the doctor | 195 |
| | the dog | 832 |
| | the dog | 118 |
| | a dog | 618 |
| 10 cs | the dog | 2 |
| | the dog | 715 |
| | the dog | 665 |

| | | |
|---|---|---|
| 10 cs | the dog | 774 |
| 11 cs | lazy dog | 108 |
| | the dish | 798 |
| | the dog | 819 |
| 12 cs | never do | 499 |
| | my dear | 490 |
| | the dog | 613 |
| | be doing | 934 |
| | the dog | 705 |
| 14 cs | the door | 100 |

Vor Schwacht.nach Starkt.

| | | |
|---|---|---|
| 3 cs | made up | 27 |
| 4 cs | board a | 626 |
| | reading | 964 |
| 5 cs | paid his | 259 |
| | made a | 821 |
| | already | 777 |
| | reading | 902 |
| 6 cs | reading | 972 |
| 7 cs | head | 1024 |

In schwachtoniger Umgebg.

| | | |
|---|---|---|
| 5 cs | anybody | 355 |
| | had occurred | 770 |
| 6 cs | occupied in | 923 |
| 7 cs | a department | 1027 |
| 8 cs | the department | 892 |

- - - - - - - - - - - - -

Nach Nas.od.Liq.

Vor Starkton

| | | |
|---|---|---|
| 2 cs | turned out | 710 |
| 4 cs | friend outside | 864 |
| | one day | 11 |
| 5 cs | one day | 456 |
| | I'm doing | 945 |
| | and downs | 148 |
| | indeed | 1033 |
| 7 cs | same dish | 649 |
| 8 cs | one day | 873 |
| | on deck | 727 |

Vor Schwacht.nach Starkt.

| | | |
|---|---|---|
| 2 cs | found his | 12 |
| | bound on | 631 |
| 3 cs | handed | 423 |
| | told him | 430 |
| | found it | 19 |
| 4 cs | growled and | 44 |
| | understand | 294 |
| | cold and | 737 |
| 5 cs | formed a | 792 |

In schwachtoniger Umgebg.

| | | |
|---|---|---|
| 3 cs | and of | 1052 |

- - - - - - - - - - - - -

Vor Nasal

Vor Starkton

| | | |
|---|---|---|
| 7 cs | had never | 497 |

Vor Schwacht.nach Starkt.

| | | |
|---|---|---|
| 6 cs | could not | 290 |
| | could not | 707 |
| 7 cs | did not | 285 |

## g

Intervokalisch

Vor Starkton

| | | |
|---|---|---|
| 9 cs | very good | 640 |
| | to get | 1081 |
| | together | 624 |
| 10 cs | ago | 960 |

Vor Schwacht.nach Starkt.

| | | |
|---|---|---|
| 5 cs | dog and | 618 |
| 6 cs | dog and | 613 |
| | dog in | 2 |
| 7 cs | pig at | 854 |

- - - - - - - - - - - - -

Nach Nasal

Vor Starkton

| | | |
|---|---|---|
| 6 cs | in good | 750 |
| 10 cs | haven't given | 593 |

- - - - - - - - - - - - -

Vor Nas.od.Liq.

Vor Starkton

| | | |
|---|---|---|
| 8 cs | he growled | 44 |
| 10 cs | a grand | 875 |
| 12 cs | very glad | 1040 |
| 15 cs | pig made | 688 |

## v

Intervokalisch

Vor Starkton

| | | |
|---|---|---|
| 7 cs | a vessel | 628 |
| | a very | 1066 |
| 8 cs | a very | 55 |
| 9 cs | were very | 158 |

Vor Schwacht.nach Starkt

| | | |
|---|---|---|
| 3 cs | having | 756 |
| | observing | 438 |
| 4 cs | never | 601 |
| | never | 315 |
| | believe in | 327 |
| | however | 762 |
| | servant | 428 |
| | ever | 344 |
| 5 cs | never | 552 |
| | whenever | 34 |
| | leaving | 579 |
| | over | 957 |
| | never | 498 |
| 6 cs | believe in | 286 |

Nach Nasal

Vor Starkton

| | | |
|---|---|---|
| 3 cs | became very | 639 |
| 5 cs | long voyage | 635 |
| | I'm very | 1039 |

- - - - - - - - - - - - -

Vor Nas.od.Liq.

Vor Starkton

| | | |
|---|---|---|
| 7 cs | have not | 334 |

Vor Schwacht.nach Starkt.

| | | |
|---|---|---|
| 4 cs | given | 593 |
| | traveller | 78 |
| | haven't | 592 |
| 6 cs | traveller | 83 |

## z

Intervokalisch

Vor Starkton

| | | |
|---|---|---|
| 4 cs | was unable | 176 |
| 5 cs | was only | 125 |
| | is any | 1004 |
| 6 cs | as if | 824 |

Vor Schwacht.nach Starkt.

| | | |
|---|---|---|
| 5 cs | using | 512 |
| | cheese in | 252 |
| | lazy | 107 |
| 7 cs | noise as | 823 |

In schwachtoniger Umgebg.

| | | |
|---|---|---|
| 4 cs | was already | 776 |
| 5 cs | others have | 333 |

- - - - - - - - - - - - -

Nach Nasal

Vor Schwacht.nach Starkt.

| | | |
|---|---|---|
| 4 cs | downs of | 148 |

- - - - - - - - - - - - -

Vor Nas.od.Liq.

Vor Starkton

| | | |
|---|---|---|
| 4 cs | was leaving | 578 |
| 5 cs | there is no | 481 |
| 7 cs | his mind | 29 |
| | was much | 531 |

## ð

Intervokalisch

Vor Starkton

| | | |
|---|---|---|
| 4 cs | through this | 955 |
| 5 cs | to that | 209 |
| 8 cs | he then | 813 |

Vor Schwacht.nach Starkt.

3 cs so the 687
4 cs pay the 227
5 cs me the 595
before the 704
others 320
together 624
other 997
6 cs know that 951
know that 1001
share the 851
weather 734
7 cs others 333
8 cs near the 810

In schwachtoniger Umgebg.

4 cs into the 695
whenever the 35
5 cs to the 773
with a 391
by the 912
6 cs before the 900
to the 818
8 cs smaller than 534
for the 747

- - - - - - - - - - - - -

Nach Nas.od.Liq.

Vor Starkton

8 cs and then 841

Vor Schwacht.nach Starkt.

4 cs thing that 655
5 cs while the 674

In schwachtoniger Umgebg.

2 cs in the 1029
3 cs leaving the 580
4 cs and the 615
frighten them 51
boasting that 283
5 cs anything that 330

**ž**

Vor Nas.od.Liq.

Vor Schwacht.nach Starkt.

5 cs usual 535
8 cs occasion 153

**m**

Intervokalisch

Vor Starkton

6 cs them off 51
come out 847
7 cs demanded 989
he made 27
8 cs for me 501
8 cs the man 948
permission 442
9 cs a man 897
be much 1072
a minute 837
you master 130
10 cs familiar 142
their meals 805
a manger 17
never mind 553
11 cs never mind 602
the manger 5

Vor Schwacht.nach Starkt.

5 cs becoming 992
Tommy 590
6 cs come along 104
famous 138
7 cs famous 384
name is 1003

In schwachtoniger Umgebg.

6 cs clergyman 280
clergyman 307
customer 224

- - - - - - - - - - - - -

Nach Konsonant

Vor Starkton

4 cs much smaller 533
5 cs a small 182
was much 532
the smallest 188
6 cs the small 881
his mind 30
7 cs that my 1002
he would make 745
8 cs pig made 689

Vor Schwacht.nach Starkt.

3 cs department 1027
4 cs department 892
huntsman 486
shopman 172
6 cs get me 1082

- - - - - - - - - - - - -

Vor Konsonant

Nach Starkton

3 cs comfortable 758
5 cs simply 1046
comfortable 668
6 cs comfortable 24
simple 1067
came through 953
7 cs exclaimed one 58
tempered 8
name sir 987
9 cs became very 638
10 cs formed a 792
12 cs same dish 648
13 cs some to 207
15 cs I'm simply 1045
16 cs same thought 768

Nach Schwacht.vor Starkt.

6 cs I'm very 1038
7 cs I'm doing 944
am head 1023
8 cs himself 374
11 cs himself 68

In schwachtoniger Umgebg.

9 cs him to 431
10 cs him to 403
12 cs them to 48

- - - - - - - - - - - - -

Im Anlaut

Vor Starkton

5 cs my 489

Vor Schwachton

4 cs most 337

- - - - - - - - - - - - -

Im Auslaut

Nach Starkton

9 cs time/ 871
11 cs time/ 751
time/ 663
22 cs room/ 956
24 cs name/ 1012

Nach Schwachton

13 cs him/ 587
17 cs them/ 359
19 cs him/ 528
24 cs them/ 513

**n**

Intervokalisch

Vor Starkton

5 cs whenever 34
an old 278
6 cs in anything 287
I know 319
in anything 328
7 cs you know 1020
connected 289
oh never 552
I know 950
unable 177
an answer 1062
8 cs oh never 601
your name 1012
an hour 905
your name 987
the knife 236
an hour 958
9 cs the night 725
so nice 22

10 cs my name 1003
11 cs the night 681
13 cs a noise 823

Vor Schwacht.nach Starkt.

4 cs anywhere 415
minute 837
concern of 1006
pennyworth 197
manner 927
one of 59
5 cs any 1005
astonished 277
one occasion 152
seen it 316
any 367
anybody 355
6 cs sign of 483
anything 288
journey 91
one of 1047
7 cs one of 884
general 1030
8 cs anything 329
10 cs when he 211

In schwachtoniger Umgebg.

2 cs when I 507
4 cs on a 632
on a 89
huntsman or 486
5 cs when his 154
any 485
twopenny 521
halfpennyworth 245
halfpenny 261

- - - - - - - - - - - -

Nach Konsonant

Vor Starkton

5 cs acknowledge 373
had never 498
6 cs have not 335
don't know 1000
it near 809
7 cs course not 351
8 cs there is no 482

Vor Schwacht.nach Starkt.

3 cs sharpening 473
5 cs sharpening 461
indignant 938
6 cs sharpening 504
10 cs unfortunate 675
15 cs lesson In 269

- - - - - - - - - - - -

Vor Konsonant

Nach Starkton

a) Vor Schwachton

3 cs quantity 189
3 cs kennel 860
quantity 183
counter 221
4 cs kennel 811
kennel 669
can't you 940
answer 1063
5 cs find you 970
sensible 450
went into 161
found it 19
understand 294
influence 1079
6 cs once together 623
kennel 696
once astonished 276
manger 17
found his 12
instantly 203
7 cs country 302
don't believe 543
mind to 30
mind said 602
handed 423
8 cs huntsman 486
kennel in 748
found however 761
find the 919
on the 219
bound on 631
9 cs friendship 659
11 cs manger 5
downs of 148
friend said 491
12 cs spend the 679
spend the 723
16 cs funds were 156
17 cs in before 702

b) Vor Starkton

9 cs once rushed 856
10 cs friend outside 864
one half 257
turned out 710
11 cs can cut 191
12 cs in faith 270
grand post 875
13 cs uncut 397
14 cs on deck 726
16 cs own brains 347
one thing 653
17 cs then turned 813
18 cs one day 10
man had 370
19 cs one day 872
20 cs John Brown / 135
one day 455
22 cs indeed 1033

c) Vor Pause

7 cs hound/ 488
9 cs understand/ 294
France/ 304
11 cs friends/ 394
22 cs friends/ 641
25 cs brains/ 348

Nach Schwachton

a) Vor Starkton

4 cs and walked 262
and told 429
5 cs and put 568
6 cs concern 1006
and found 18
and understand 293
7 cs insure 755
and said 122
and saw 961
and placed 806
8 cs and stretching 101
and find 969
and comfortable 23
9 cs and formed 791
in good 749
indignant 938
on one 151
and wet 738
10 cs and barked 45
been kept 1054
12 cs and downs 147
on board 625
and then 840
in first 717
14 cs and made 820

b) Vor Schwachton

3 cs and he 201
4 cs indignant official 938
and of 1052
5 cs into 15
and he 69
instantly 203
halfpence on 571
and his 79
6 cs in the 1028
7 cs into 694
10 cs shopman protested 172
11 cs and the 614

c) Vor Pause

6 cs servant/ 428
7 cs department/ 892
influence/ 1079

- - - - - - - - - - - -

Zwischen Konsonanten

Nach Starkton

6 cs could not see 291
7 cs could not be 708
8 cs did not believe 285
certainly 338
9 cs frighten them 50
10 cs haven't given 592
11 cs listened for 834
12 cs happened to 879

**Im Anlaut**

Vor Starkton

6 cs now 229
8 cs no 360

- - - - - - - - - - - - -

**Im Auslaut**

a) Nach Vokal

Nach Starkton

12 cs then/ 841
13 cs man/ 948
14 cs plan/ 794
15 cs man/ 922
man/ 897
16 cs Brown/ 136
in/ 672
18 cs return/ 968
20 cs seen/ 336

Nach Schwachton

13 cs clergyman/ 280
18 cs clergyman/ 307

b) Nach Konsonant

Nach Starkton

7 cs question/ 1068
9 cs attention/ 1085
14 cs oxen/ 62
17 cs lesson/ 133
19 cs occasion/ 153
20 cs permission/ 442

**ɫ**

**Intervokalisch**

Vor Starkton

5 cs small offices 887
7 cs the less 609
believe 327
you like 417
believe 297
the less 560
who listened 834
8 cs a large 396
polite 982
a little 1084
the loaf 599
9 cs a long 634
twopenny loaf 522
already lying 778
a lesson 269
10 cs you lazy 107
11 cs along 105
12 cs very low 159

Vor Schwacht.nach Starkt.

4 cs scholar 140
5 cs sell a 243
smallest 188
5 cs acknowledge 373
feeling 842
6 cs fairly 375
tail and 121
smaller 533
fellow 275
7 cs foolish 273

- - - - - - - - - - - - -

**Nach Konsonant**

Vor Starkton

2 cs very glad 1040
the clergyman 307
3 cs a plan 794
to sleep 671
asleep 780
replied 198
4 cs exclaimed 58
reply 983
obliged 1073
5 cs old clergyman 280
7 cs was leaving 579
8 cs practical les-son 133
9 cs this loaf 546

Vor Schwacht.nach Starkt.

3 cs public 1051
5 cs won't let 72
6 cs biblical 139
traveller 78
little at-tention 1084
8 cs traveller 83
9 cs kennel in 748
10 cs kennel at 696

In schwachtoniger Umgebg.

4 cs instantly 203
5 cs accurately 979
6 cs certainly 338

- - - - - - - - - - - - -

**Vor Konsonant**

Nach Starkton

4 cs spoiled their 657
5 cs selfish 56
6 cs small quantity 182
7 cs himself fairly 374
8 cs familiar 142
9 cs cold and 737
well said 994
10 cs while the 673
11 cs old clergyman 279
12 cs wild boar 451
13 cs wild boar 459

Nach Schwachton

9 cs you will use 1076
11 cs already 777

- - - - - - - - - - - - -

**Zwischen Konsonanten**

Nach Starkton

9 cs simple question 1067
10 cs official becom-ing 991
11 cs unable to 177
kennel to 669
12 cs cattle came 36

Nach Schwachton

11 cs biblical scholar 139
comfortable kennel 668
14 cs comfortable bed 758
16 cs practical lesson 132
19 cs sensible wild 450

In schwachtoniger Umgebg.

5 cs I shall be 1070

- - - - - - - - - - - - -

**Im Auslaut**

Nach Starkton

12 cs official/ 939
15 cs vessel/ 628
18 cs kennel/ 811
19 cs kennel/ 860
20 cs official/ 878
still/ 973
25 cs usual/ 535

Nach Schwachton

20 cs comfortable/ 24

**r**

**Intervokalisch**

Vor Starkton

1 cs your own 346
2 cs or others 332
3 cs your influence 1078
4 cs were eating 827
you reading 964
you reading 972

Vor Schwacht.nach Starkt.

1 cs Garrick 421
before him 402
2 cs Garrick 406
very 639
carry 433
3 cs very 736
very 158
where he 410
very 1039
very 1066

## ʌ

| φ | | W |
|---|---|---|
| 73 | ■ ɒp | 234 |
| | dįsgast | 765 |
| 74 | dask | 698 |
| 76 | kat | 192 |
| 79 | sam | 207 |
| | ađəz | 333 |
| | haŋgrį | 843 |
| | kam | 847 |
| 80 | kamftəbl | 24 |
| | hantsmən | 486 |
| 81 | ađəz | 320 |
| | tasks | 463 |
| | pablik | 1051 |
| 82 | aps | 146 |
| | kastəmə | 224 |
| 83 | kampəni | 390 |
| | kamfətəbl | 758 |
| 84 | ■ kɒntrį | 302 |
| | kat | 445 |
| | tasks | 475 |
| | tapənį | 521 |
| | ■ rɒšt | 857 |
| 85 | as | 73 |
| | ■ sɒtš | 300 |
| | ■ trɒŋk | 466 |
| 86 | kat | 179 |
| | jaŋ | 274 |
| | kamfətəbl | 668 |
| 87 | anebl | 177 |
| | ɒnkat | 397 |

| φ | | W |
|---|---|---|
| 88 | fandz | 156 |
| | ankɒt | 397 |
| 89 | ■ ɒp | 256 |
| 90 | džast | 85 |
| | kat | 379 |
| | strak | 527 |
| | ■ mɒtš | 532 |
| | sapə | 852 |
| 94 | kat | 248 |
| 95 | kam | 104 |
| 97 | kat | 413 |

'one' und 'once'

| φ | | W |
|---|---|---|
| 81 | ■ wǫn | 884 |
| 82 | wɒn | 10 |
| 84 | ■ wǫns | 387 |
| | ■ wǫn | 1047 |
| 85 | wɒn | 257 |
| | ■ wǫns | 856 |
| 86 | ■ wǫns | 623 |
| 87 | ■ wǫns | 276 |
| | wɒn | 455 |
| | wɒn | 872 |
| 89 | ■ wǫn | 152 |
| | wɒn | 730 |
| 90 | ■ wǫn | 653 |

## ei

| φ | | W |
|---|---|---|
| 72 | wei | 914 |
| 74 | beikə | 541 |
| 76 | breinz | 348 |
| | ■ njɒspępə | 904 |
| 77 | leizi | 107 |
| | weid | 214 |
| | beikə | 525 |
| | beikə | 556 |
| | □ dęi | 873 |
| 78 | wei | 14 |
| | teikįŋ | 233 |
| | heipənį | 261 |
| | weit | 550 |
| | ■ neim | 1003 |
| | weitiŋ | 1057 |
| 79 | feiþ | 271 |
| | □ hęi | 42 |
| 81 | □ dęi | 456 |
| | bəkeim | 638 |
| | ■ męik | 745 |
| | neim | 987 |
| 82 | dei | 11 |
| | ■ węitįŋ | 127 |
| | seim | 648 |
| | ■ sęim | 926 |
| 83 | pei | 226 |
| | ■ hęipəns | 571 |
| 84 | sei | 589 |
| | ■ męid | 821 |
| 85 | ■ węitįŋ | 114 |

| φ | | W |
|---|---|---|
| | ■ sęim | 913 |
| | ■ kęim | 953 |
| 86 | keim | 37 |
| | ■ hęipniwɜþ | 168 |
| | feiməs | 384 |
| 87 | ■ męid | 27 |
| | feiməs | 138 |
| 88 | meid | 689 |
| | ■ węistiŋ | 870 |
| 90 | ■ plęist | 807 |
| | ■ sęim | 921 |
| 91 | ■ plęist | 217 |
| | ■ sęim | 768 |
| 93 | ■ pęipə | 966 |
| 94 | ■ steit | 975 |

e statt ei

| φ | | W |
|---|---|---|
| 68 | nem | 1012 |
| 75 | mendžə | 17 |
| 79 | įksklemd | 58 |
| 80 | əkęžn | 153 |
| | węiŋ | 206 |
| 81 | mendžə | 5 |
| 82 | hę | 67 |
| 84 | əkežənəlį | 656 |
| | kes | 977 |
| 87 | anebl | 177 |
| 90 | hepənįwɜþ | 245 |
| 91 | ped | 259 |
| 92 | bekə | 583 |

Anzahl der Belege

| Normalform | æ | | ę | | į | | ǫ: | | ʌ | | ei | | į[1] | |
|---|---|---|---|---|---|---|---|---|---|---|---|---|---|---|
| Klangfarbe | æ | ę | ę | e | į | i | ǫ: | o: | a | ɒ | ei | ęi | į | i |
| φ 63-77 Unteres Gebiet | 8 | – | 9 | 1 | 5 | 1 | 9 | – | 3 | 1 | 8 | 1 | 28 | 7 |
| φ 78-85 Kerngebiet | 13 | 1 | 24 | 17 | 15 | 2 | 9 | 3 | 17 | 4 | 14 | 9 | 42 | 10 |
| φ 86-100 Oberes Gebiet | 11 | 7 | 12 | 20 | 10 | 5 | 7 | 5 | 14 | 2 | 5 | 8 | 27 | 15 |

Prozentualer Anteil der Varianten

| Variante | Unteres Gebiet φ63-77 | Kerngebiet φ78-85 | Oberes Gebiet φ86-100 | Variante | Unteres Gebiet φ63-77 | Kerngebiet φ78-85 | Oberes Gebiet φ86-100 |
|---|---|---|---|---|---|---|---|
| ę statt æ | –% | 7% | 39% | ɒ statt a | 25% | 19% | 13% |
| e " ę | 10% | 42% | 63% | ęi " ei | 11% | 39% | 62% |
| i " į | 17% | 12% | 33% | | | | |
| o: " ǫ: | –% | 25% | 42% | i " į[1] | 20% | 19% | 36% |

[1] lexik. „unbetont"

Tafel 40-103:

# Intonationskurven

mit phonetischer Umschrift und orthographischer Fassung des Textes, Wortbezifferung und Quantitäts-Angaben.

Die Quantitäten der Vokale stehen über, die der Konsonanten unter den Buchstaben der phonetischen Umschrift, in cs.

# The Dog in the Manger.

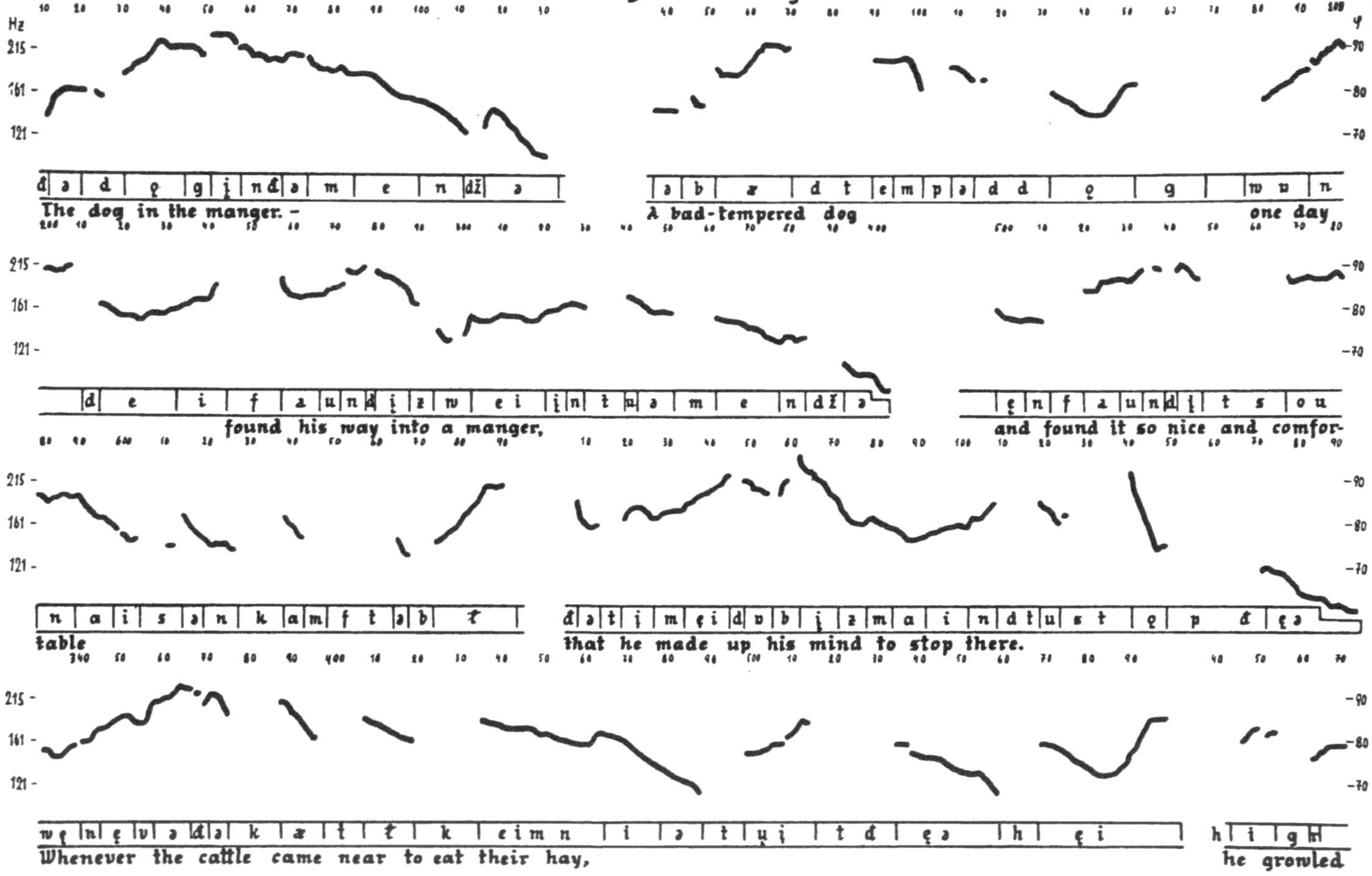

1 2 3 4 5 6 7 8 9 10 W
The dog in the manger – A bad - tempered dog one

7,5 14,3 7,1 6,2 15,3 18 7 18,7 5,3 5,6 20 15,3 cs
đə dọg ịn đə mendžə / ə bæd tempəd dọg / wɒn
10 6,4 9,4 11 10,5 5 8 19,2 6,8-6,7 18 17,5 cs

---

11 12 13 14 15 16 17 18 19 20 21 W
day found his way into a manger, and found it so

18-11,5 9,2-5 8 23,2 3,1 9 15,8 10,8 6,9 8,5-5,3 5,8 13,2 cs
dei / faund ịz wei ịntu ə mendžə / ẹn faund ịt sou
4,4 6-2,3 5,6 9,1 4,5-2,6 10 6 9,2 6 8 5,4-3,3 19,5 cs

---

22 23 24 25 26 27 28 29 30 31 32 33 W
nice and comfortable that he made up his mind to stop there.

8,8-6,5 4,8 4,9 3,8 5,2 8 10,9 7,1 9 7,9-10 4,8 8 21,8 cs
nais ən kamftəbt / đət ị mẹid ɒb ịz maind tu stọp đẹə /
9,3 10 8,2 10,5 5,5 15,5 6-20 5,2 7,4 3,4 6,8 6,5 6,3 6,6 10,3 17,2 23,3 cs

---

34 35 36 37 38 39 40 41 42 43 44 W
Whenever the cattle came near to eat their hay, he growled

9 8 8,4 4,8 10,5 15,5 13,6-10,2 17,3 24,5 33,5 10,1 32,2 cs
wẹnẹvə đə kætt keim niə tụ ịt đẹə hẹi / hi grautd
4,7 4,7 4,1 12,1 9-12 15,5 14,2 10 19 9 8-2,2 3,8 cs

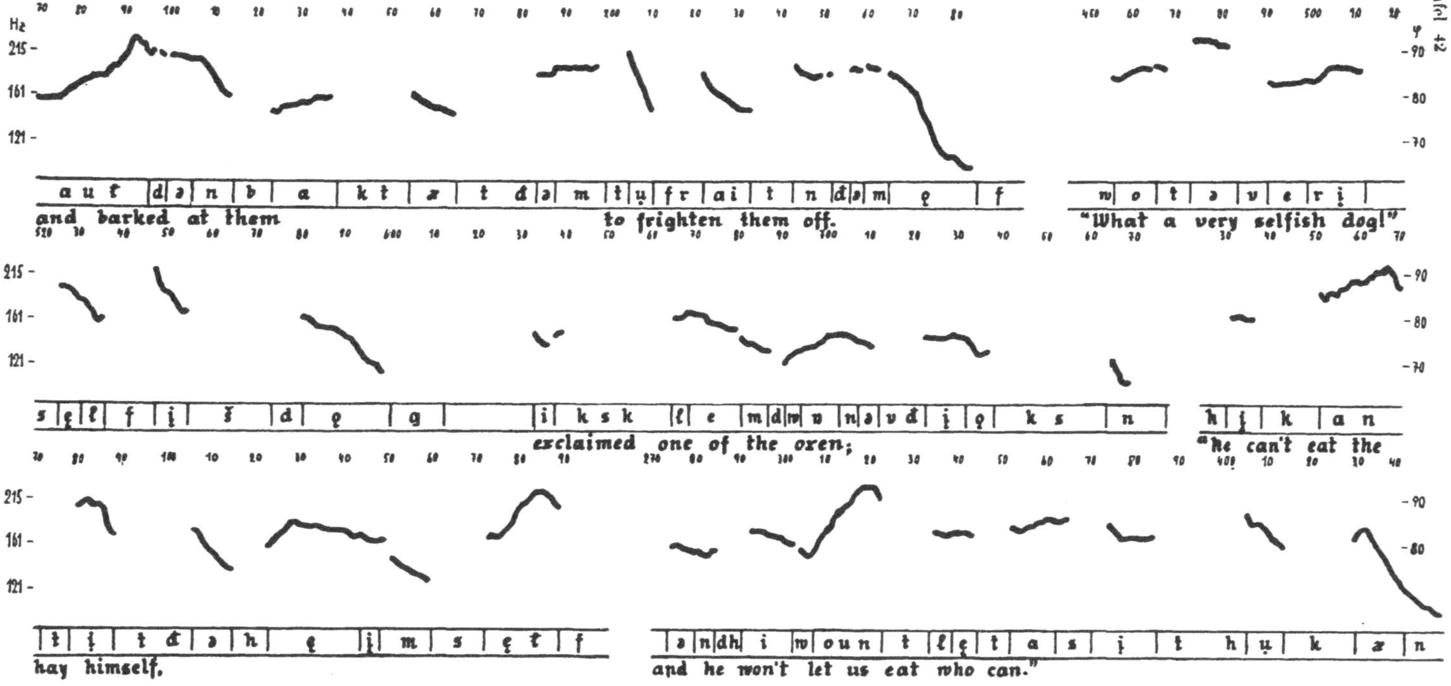
Hz
215
161
121
φ
90
80
70
and barked at them
to frighten them off.
"What a very selfish dog!"
exclaimed one of the oxen;
"he can't eat the
hay himself,
and he won't let us eat who can."

45 46 47 48 49 50 51 52 53 54 55 W
and barked at them to frighten them off "What a very

5,8 14,9 10,9 4 10,8 3 20 9,7 8,9 8,8 12,8 cs
ən bakt æt đəm tụ fraitn đəm ọf / wot ə verị
9,7 8,2 16,2 18,5 11,8 5,4 10,1-9 4,1 5,5 7,6 8,3 cs

---

56 57 58 59 60 61 62 63 64 W
selfish dog!" exclaimed one of the oxen; "he can't

5,1 7,3 19,5 4,6 12 8,5 4,7 9 6,5 8 19,5 cs
sẹlfịš dọg / ịksklemd wʊn əv đị ọksn / hị kant
14,2 5,2-11,2-18,5 7,5 27 3,8 6,5-3,8 3,8 4,3 10,5 25,4-13,5 13 7 cs

---

65 66 67 68 69 70 71 72 73 74 75 76 W
eat the hay himself, and he won't let us eat who can."

9,9 8,5 20,7 4,7 17,2 6,5 12 15,5 5,6 10,3 11,5 8,1 10,5 cs
ịt đə hẹ ịmsẹlf / ənd hi wount lẹt ɑs ịt hụ kæn /
17,8 8,3 11,4-12,3 4,7 10,7 4,8 10,8 5,2 7,5 11,1 20,4 15,9 cs

# The Traveller and his Dog.

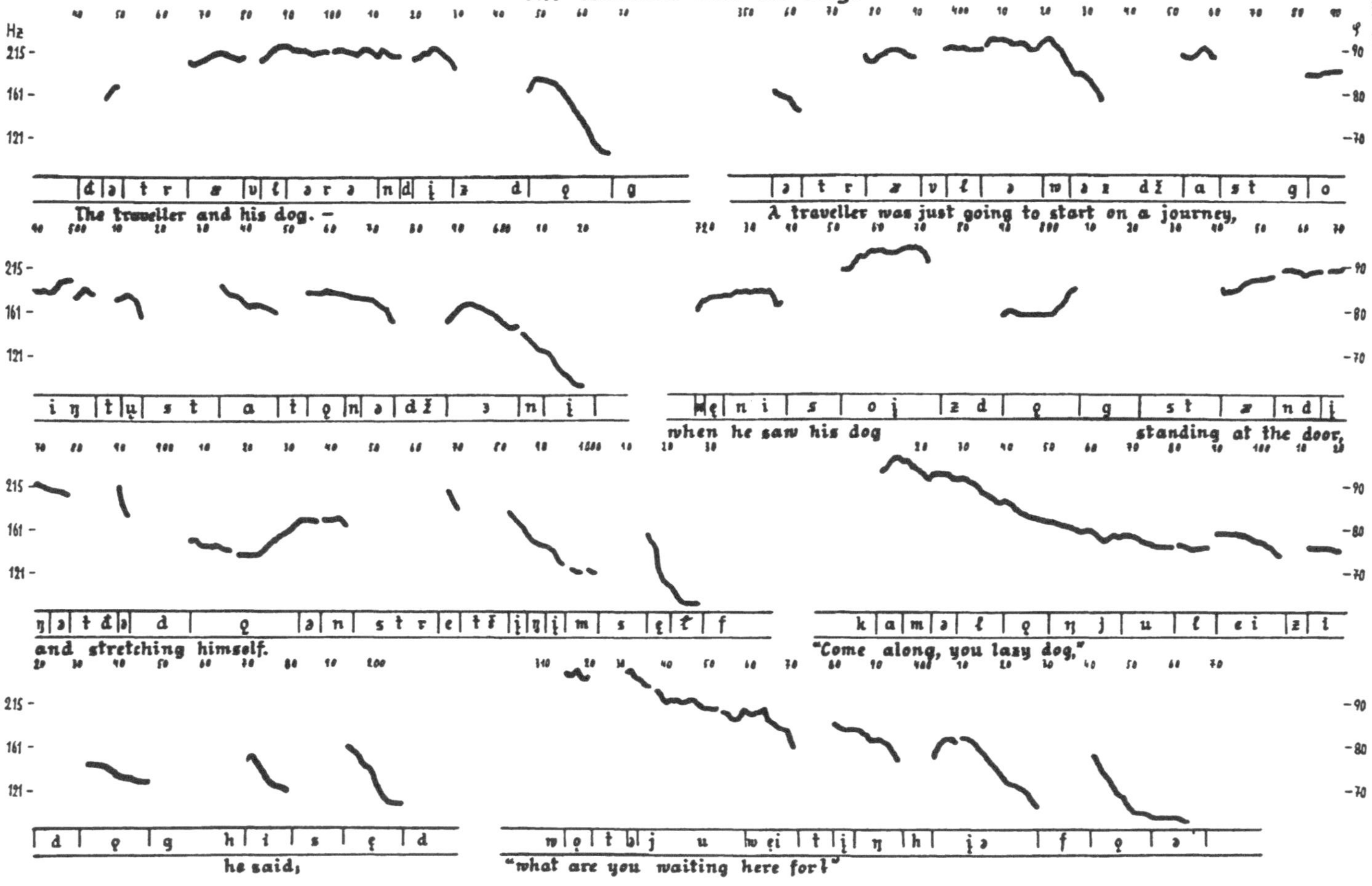

77 78 79 80 81 82 83 84 85 86
The traveller and his dog. – A traveller was just going W

4,3 13,4 21,3 9,8 20 6,7 12,8 14,5 8,5 7,5-5 CS
đə trævlər ənd iz dog / ə trævlə wəz džəst goiŋ
5,8 15,2 4-6,2 5,3-2,9 18 15,2 6-8,2 6,4 20,7 11 CS

87 88 89 90 91 92 93 94 95 96 97
to start on a journey, when he saw his dog standing W

5,4 13,7 9,1 7,9 17,2 12,3 4,4 15,4 11,9 11,5 18,3 12,6 8,7 CS
tu stat on ə džəni / wen i so iz dog / stændiŋ
5,6 18 6,8 3,8 12,2 5,9 2,2 12,3 14,5 11,4 CS

98 99 100 101 102 103 104 105 106 107
at the door, and stretching himself. "Come along, you lazy W

4,7 2,6 25,8 5,2 5,3 8,9 4,9 6 6,2 6 11,7 28,8 16,5 8,5 CS
ət đə do ən stretšiŋ imseff / kam əloŋ ju leizi
11,5 14,2 7,7 20,2 11,5 19 7,5 6,6 10,8 10 5,3 CS

108 109 110 111 112 113 114 115 116
dog," he said; "what are you waiting here for?" W

16,4 11 14 6,5 12,5 5 25 27 CS
dog / hi sed / wot ə ju weitiŋ hiə foə /
10,6 8,2 8,3 11,3 6,8 12,5 CS

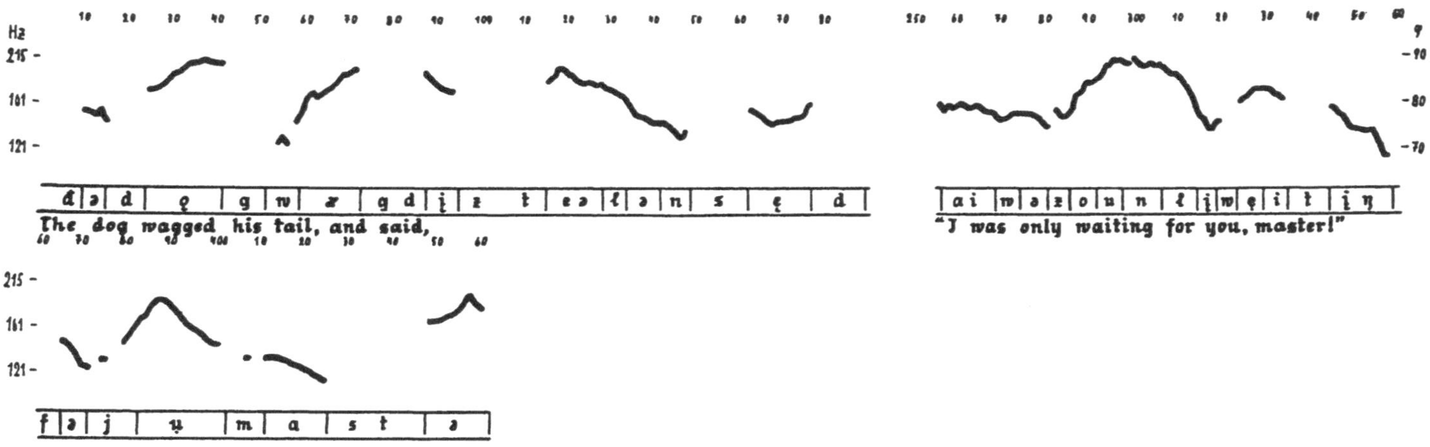
Hz
215 -
161 -
121 -
d | ə | d | ǫ | g | w | æ | g d | i̯ | z | t | eə | ɫ | ə | n | s | ę | d
The dog wagged his tail, and said,
f | ə | j | ụ | m | a | s t | ə
-90
-80
-70
ai | w | ə | z | o | u | n | ɫ | i̯ | w | ę | i | t | i̯ | ŋ
"I was only waiting for you, master!"

117 118 119 120 121 122 123 124 125 126 127 W
The dog wagged his tail, and said, "I was only waiting

5 17,4 14,4 7,8 13,2 7,7 15 12,5 6,5 6,3·6 4 5,8·5,5 14 CS
đə dog wægd iz teəl ən sed / ai wəz ounli weitiŋ
9 10 7,4 14,3 20 5,6 6,9 13,4 5,4 4,8 17,6 4,8 9 CS

---

128 129 130 W
for you, master."

5,7 19,8 14,1 14,8 CS
fə ju mastə /
7,4 11,4 8,9 22,1 CS

# A Practical Lesson.

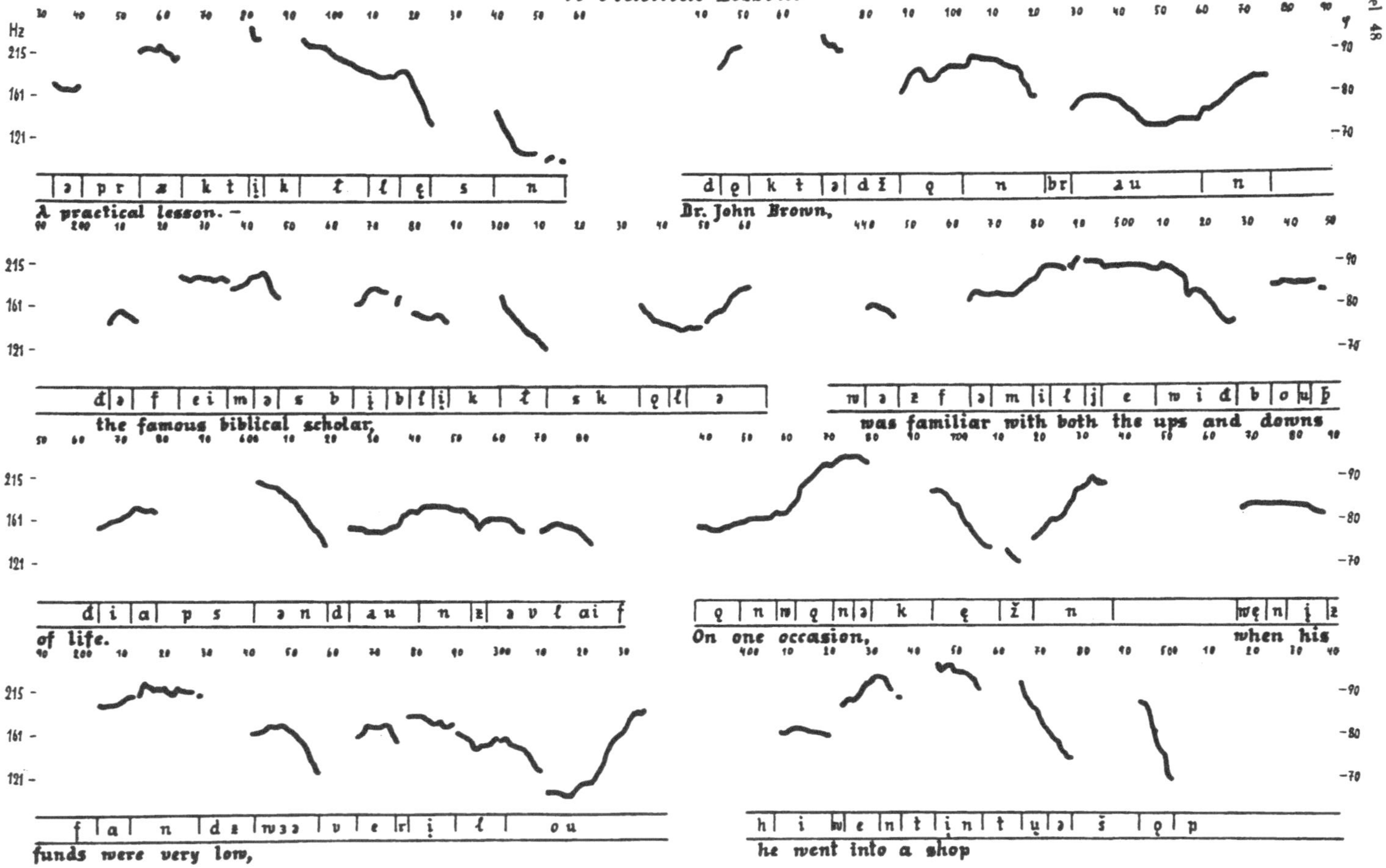

131 132 133 134 135 136 — W
A practical lesson. – Dr. John Brown,

7 9,7 3,3 7,2 7 5,7 15 31 — cs
ə præktịkt lẹsn / dọktə džọn braun /
13,7 16,3 8,8 24 15,3-17,4 18 12,9 19,5 6,5 16 — cs

---

137 138 139 140 141 142 143 144 — W
the famous biblical scholar, was familiar with both

5,7 11,6 6 8,3 3,5 7,4 19 5,9 5,4 4,5 12,9 4,7 6,2-2,7 — cs
đə feiməs bịblịkt skọlə / wəz fəmilje wịđ bouþ
10,8 6,4 11,6 6 5,2-5,7 12-11,1 22,2 4,4 2 16,7 9,5 8,2-3,7 7,3 6,9 8,2 21,3 — cs

---

145 146 147 148 149 150 151 152 153 154 155 — W
the ups and downs of life On one occasion, when his

7,4 6 5,5 18,7 9,5 10,5 9 4,1 15,5 5,6 9,1 — cs
đi aps ən daunz əv laif / ọn wọn əkẹžn / wẹn ịz
23,4 11,8 5,2 10,5-3,8 9,2 4,5 4,9 14,6 8-18,8 1,3 4,6 17,3 — cs

---

156 157 158 159 160 161 162 163 164 — W
funds were very low, he went into a shop

7,6 9,4 11,5 14,2 8,3 11,3 6,3 5,7 8,3 — cs
fandz wɜə verị lou / hi went ịntụ ə šọp /
16,2 9 2,7 11,8 2,8 5,1-8 9,2 15,7 — cs

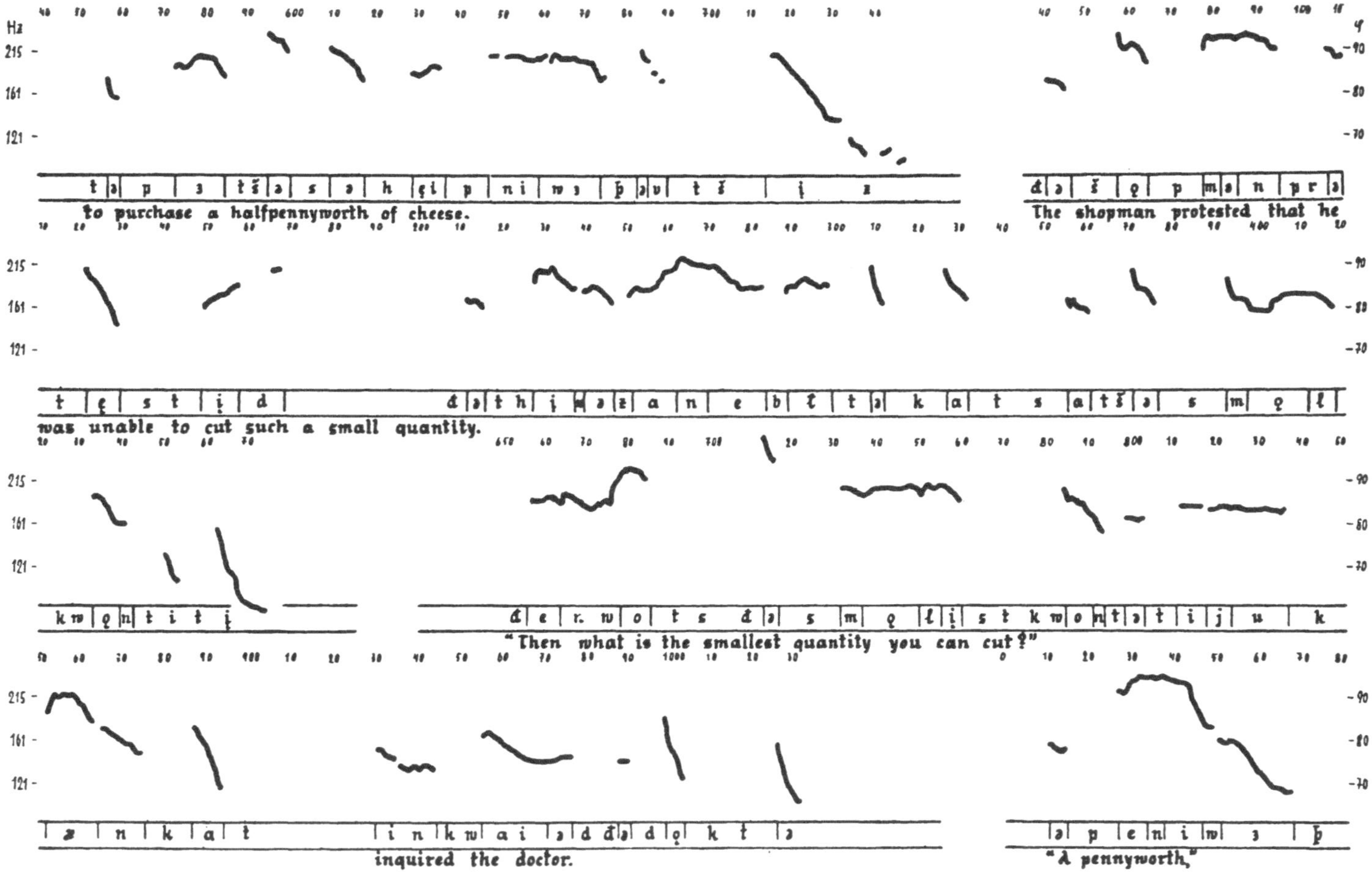
Hz
215
161
121
to purchase a halfpennyworth of cheese.
The shopman protested that he
was unable to cut such a small quantity.
"Then what is the smallest quantity you can cut?"
inquired the doctor.
"A pennyworth,"

165 166 167 168 169 170 171 172 173
to purchase a halfpennyworth of cheese. The shopman protested W
3 11,6 5,5 8,1 7,8 11,8 14,9 2,7 36 6 7,5 3,9 3,6 8 9,2 cs
tə pɜtšəs ə hẹipniwɜþ əv tšịz / đə šọpmən prətẹstịd
13,2 10,2 9 11,5 10,5 8,8 5 23,8 10,7 12,8-4,3 9,6 11 11,6 18,9 cs

---

174 175 176 177 178 179 180 181 182
that he was unable to cut such a small W
4,7 10,2 9,5 11,1 14,1 3 5,3 5,4 6 14 cs
đət hị wəz anebł tə kat satš ə smọl
11,2 2,3 4,1 7,2 5,6-11 9,2 14,8 23,3 10 16,2-5 6,3 cs

---

183 184 185 186 187 188 189 190
quantity. "Then what is the smallest quantity you W
6,6 1,4 12 7,7 7,3 3,9 13,3 5 6,7 4,7 26,1 cs
kwọntitị / đen wot s đə smọlịst kwọntəti ju
15,1 3,2-7,2-11,5 27,3 14,5-5,4 5 24,3 2,8-4,6 7,7 cs

---

191 192 193 194 195 196 197
can cut ?" inquired the doctor. "A pennyworth," W
12,2 7,2 14,4 15,5-6,1 3,1 4,5 9,5 4,5 6,5 9 16,5 cs
kæn kat / inkwaiəd đə dọktə / ə peniwɜþ /
15,1 11,2 11,4 10,8 10,8 8,7 22,1 11,8 4,2 4,5 cs

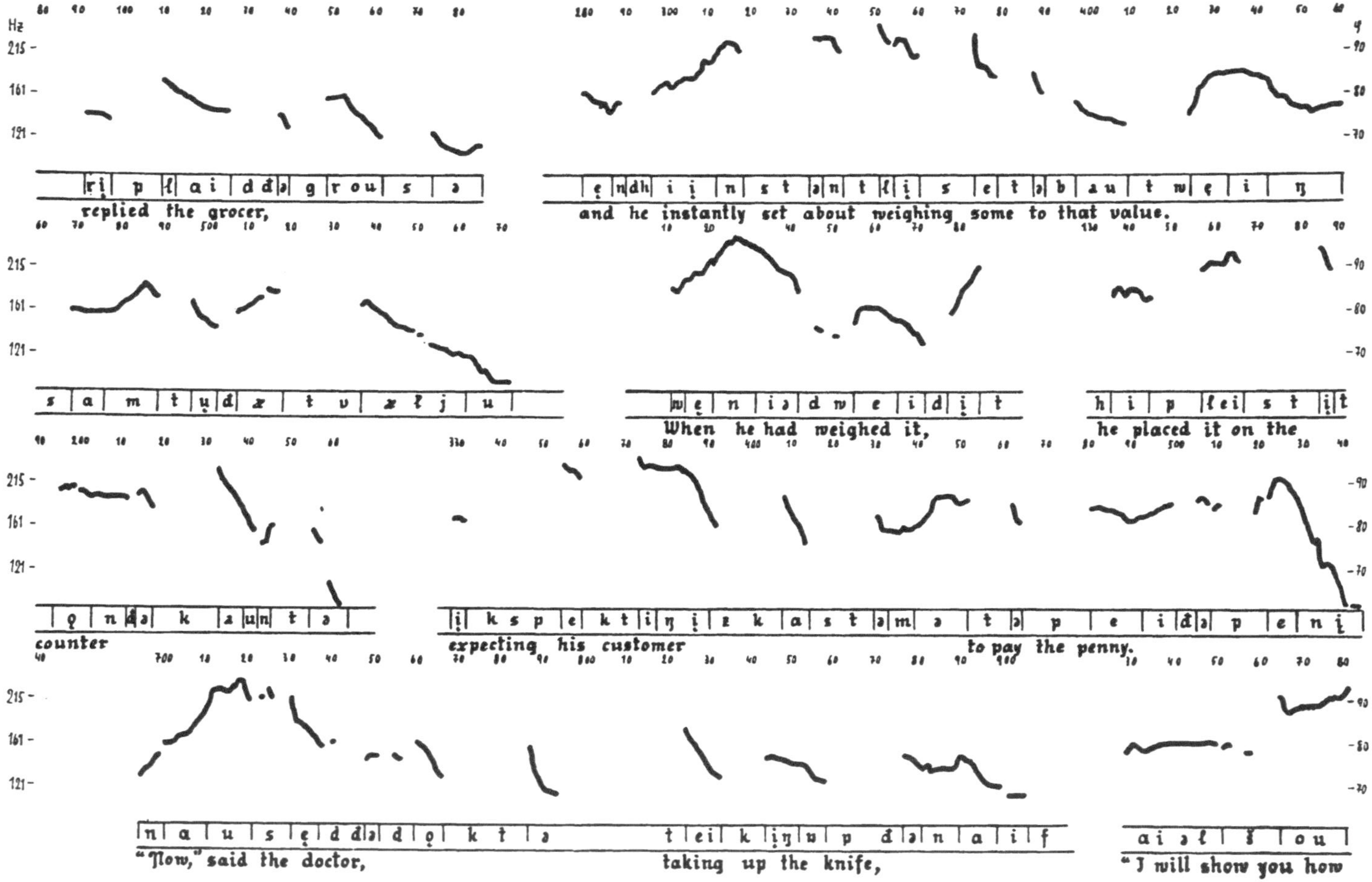
Hz
215
161
121
replied the grocer,
and he instantly set about weighing some to that value.
When he had weighed it,
he placed it on the
counter
expecting his customer
to pay the penny.
"Now," said the doctor,
taking up the knife,
"I will show you how

198 replied 199 the 200 grocer, 201 and 202 he 203 instantly 204 set 205 about 206 weighing — W

6,5 13,3 2,8 13,2 12 7 15,6 3,1 6 5,4 2,9 12,5 8,5-9,6 — cs
riplaid đə grousə / ẹnd hi instəntli set əbaut wẹiŋ
11,6-3,2 11 8,7 12 3,4 6,2 6,3-16,5 5-8,3-3,5 13,1 8,2 7,2 6,8 7,8 17 — cs

---

207 some 208 to 209 that 210 value. 211 When 212 he 213 had 214 weighed 215 it, 216 he 217 placed 218 it

7,5 6,2 11 6,6 10,8 17 7,5 9 9,5 3,4
sam tụ đæt vælju / wẹn i əd weid ịt / hi plẹist ịt
9 12,7 7,7 4,6 18,7 3,4 10,2 13 5,2 12,5 17,5 7,2

---

219 on 220 the 221 counter 222 expecting 223 his 224 customer 225 to 226 pay 227 the 228 penny. — W

9,1 3,9 5,9-3,5 9,2 3,8 5,3 4,2 7,2 6,5 3,2 12,7 2,4 20,5 3,5 6,5 15 — cs
ọn đə kauntə / ịkspektiŋ ịz kastəmə tə pei đə penị /
8,2 2,5 15,4 3,3-9 22,4 13,5 5,5 17,9 15,3 6,1 10,1 18 4,2 13,2 — cs

---

229 "Now," 230 said 231 the 232 doctor, 233 taking 234 up 235 the 236 knife, 237 "I 238 will 239 show — W

20,4 6,5 3,4 7 11,3 8,2 8,4 6,3 4,6 16,4 22 — cs
nau sẹd đə dọktə / teikịŋ ʌp đə naif / ai əl šou
6,1 9 11 8,3 20,2 10,5 18,2 8,4 13,7 — cs

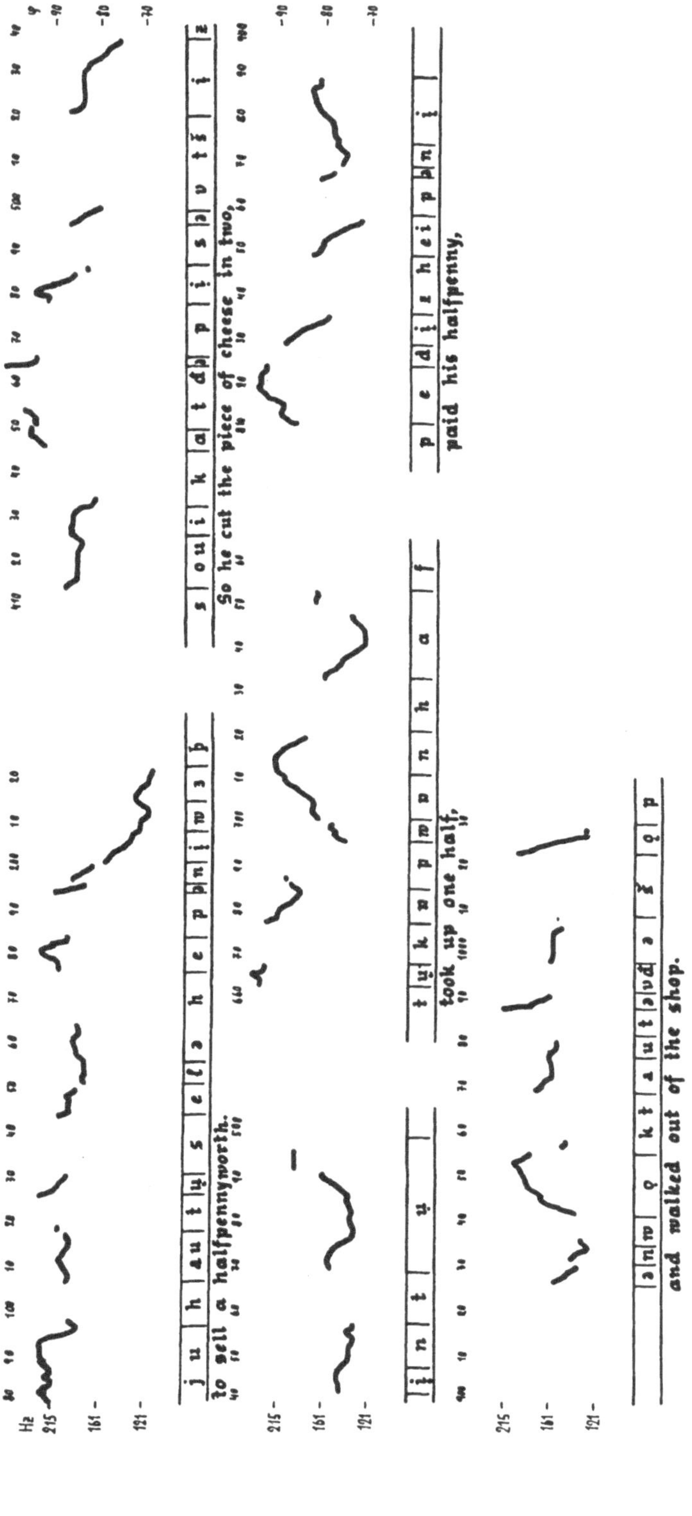
to sell a halfpennyworth.
So he cut the piece of cheese in two,
took up one half,
paid his halfpenny,
and walked out of the shop.

240 you 241 how 242 to 243 sell 244 a 245 halfpennyworth." 246 So 247 he 248 cut 249 the 250 piece 251 of 252 cheese — W

11,2 4,4 7,2 6,3 8 1,6 7,5 8,3 11,9 6,4 4,7 2,2 8,5 3,1 17 — cs
ju hau tụ sel ə hepəniwɜþ / sou i kat đə pịs əv tšịz
9,8 8,2 13 4,8 14 10,3 5 6,7 12,4 14,2 12 9,3 21,5 5 — cs

---

253 in 254 two, 255 took 256 up 257 one 258 half, 259 paid 260 his 261 halfpenny, — W

15,2 30 5,3 7,5 10,3 20,6 13 7 9 2,5 14,6 — cs
ịn tụ / tụk ɒp wɒn haf / ped ịz heipənị /
11,2 9,3 10,6 5,2 10 12 4,8 13,1 8,8 5,3 — cs

---

262 and 263 walked 264 out 265 of 266 the 267 shop. — W

5 14 7,8·5 3,8 7 — cs
ən wọkt aut əv đə šọp /
4 6,3 13,5 5,8 13,8 — cs

# A Lesson in Faith.

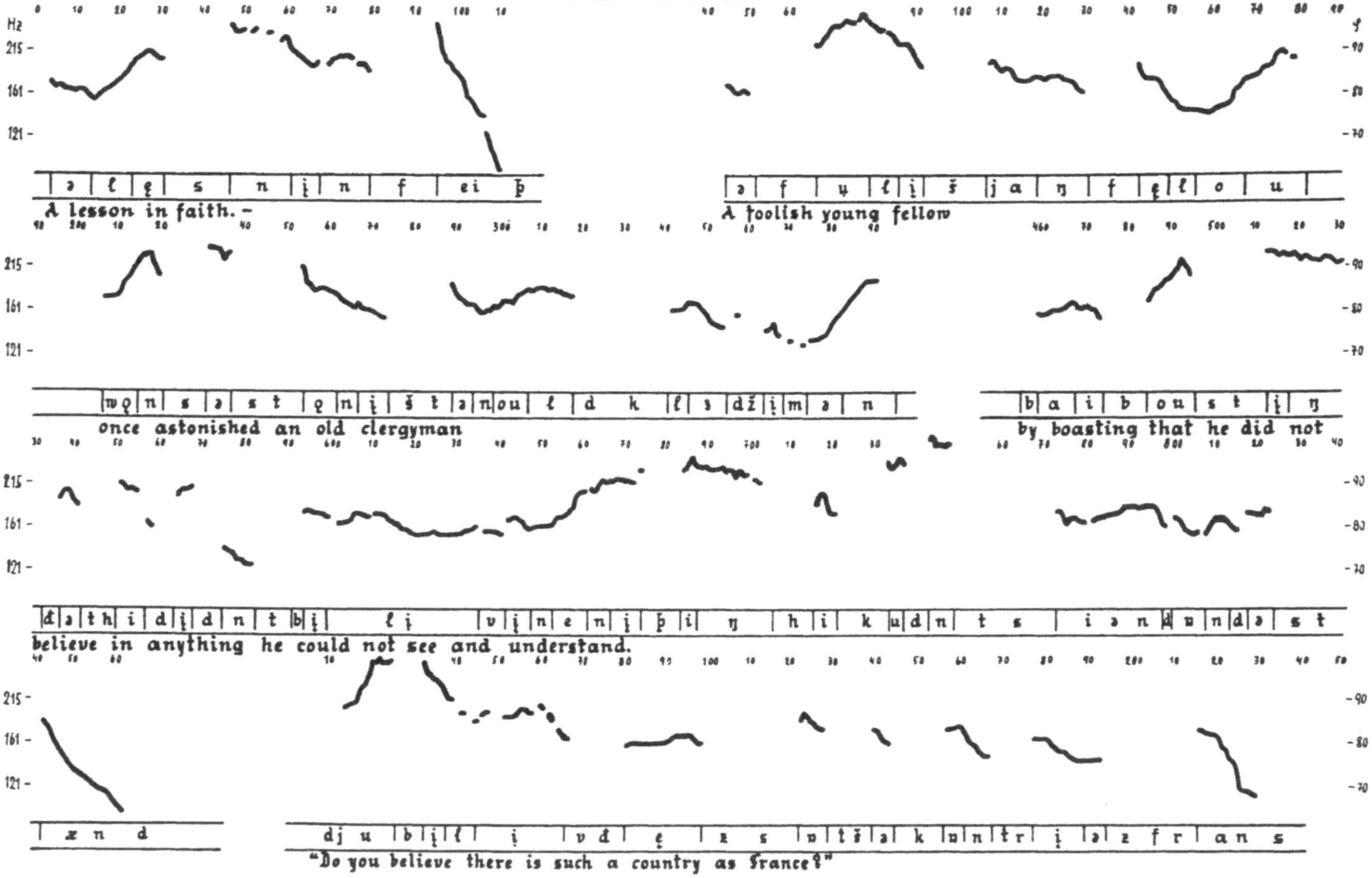

268 269 270 271 272 273 274 275 — W
A lesson in faith. - A foolish young fellow

9,8 7,6 6,4 13 12,7 6 11,9 7 26 — cs
ə lẹsn ịn feiþ / ə fụlịš jaŋ fẹlou /
9,4 15,5-14,6 12 16 15 6,8-14,8 12 12 6,3 — cs

---

276 277 278 279 280 281 282 — W
once astonished an old clergyman by boasting

8,5 6,1 8,3 7,3 5 8 9,4 5 8,4 8,8-6,7 11,6 5 — cs
wọns əstọnịšt ən ould klɜdžịmən / bai boustịŋ
5,8-10 16,7 4,8 15 4,7 10,9 23 5 8,8 5,6 12,7 10,2 16,5 15,3 — cs

---

283 284 285 286 287 288 289 290 291 292 293 294 — W
that he did not believe in anything he could not see and understand.

4,8 6,5 4,7 5,3 36 6 8,3 7,3 22,2 5,8 3,6 19,2 8 5,9 19 — cs
đət hi dịdnt bịlịv ịn enịþiŋ hi kụd nt si ənd ʌndəstænd/
4,3 8,3 6,6 7-7,8 11,3 6,1 5,6 5,7 9,5 9,5 12,1 5,8 6 23,6 6-2,5 5,4-4,2 19 9 — cs

---

295 296 297 298 299 300 301 302 303 304 — W
"Do you believe there is such a country as France?"

5,5-20,5 18,5 7 5 4,8 11,7 5,2 26,7 — cs
d ju bịlịv đẹ z sʌtš ə kʌntrị əz frans /
6,7 7,2 14,6 23,4 10,3 12 6,5-9,5 21,7 — cs

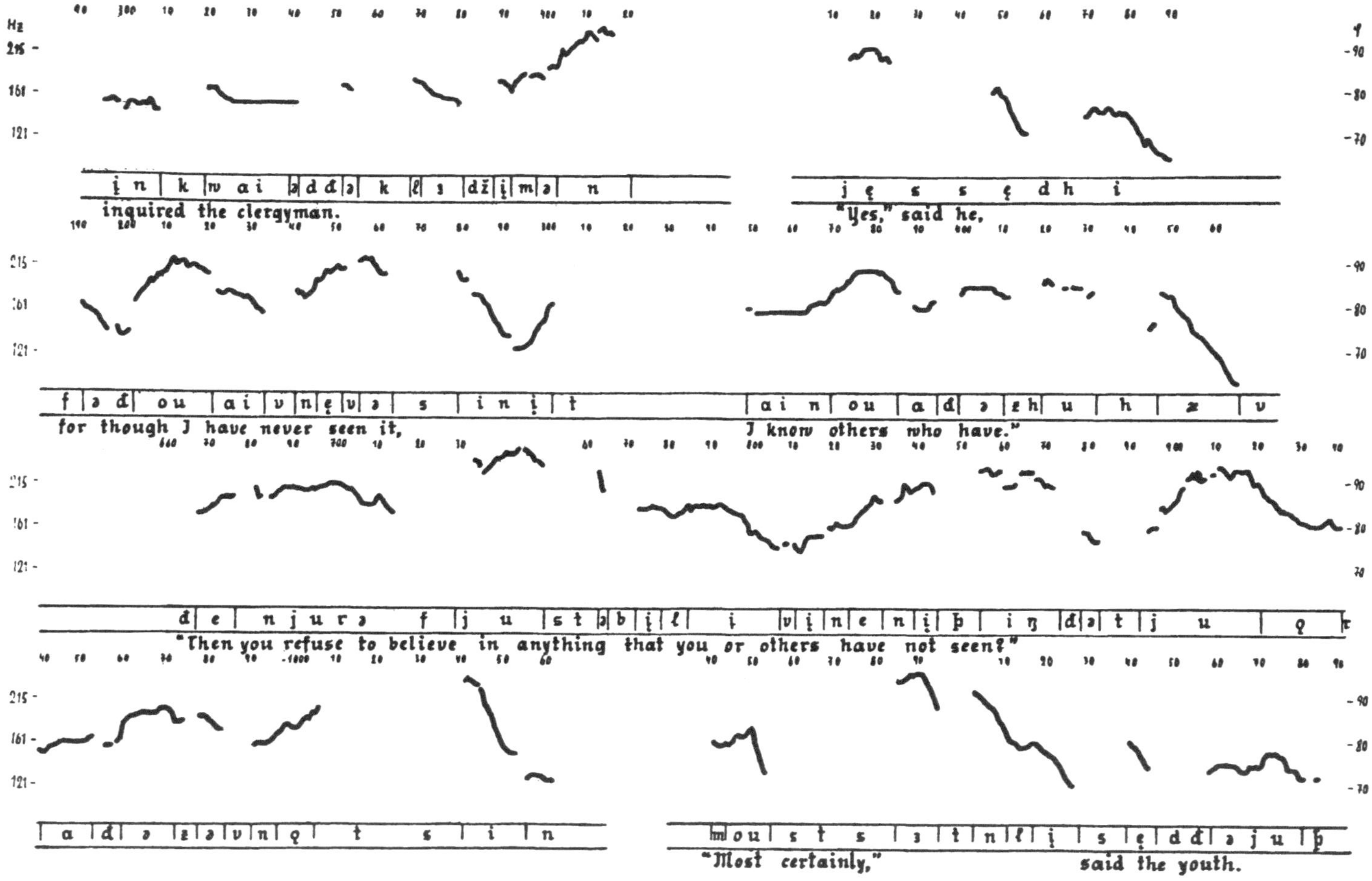
Hz
215
161
121
inquired the clergyman.
"Yes," said he,
for though J have never seen it,
J know others who have."
"Then you refuse to believe in anything that you or others have not seen?"
"Most certainly,"
said the youth.

305 inquired 306 the 307 clergyman. 308 "Yes," 309 said 310 he, — W

13 20 2,1 3,6 10,2 4 5 11,7 9,2 29,5 — CS

ịnkwaiəd ðə klɜdžịmən / jẹs sẹd hi /

10,8 10,5 12,8·2,3 7 6 17,5 24 12,5 — CS

---

311 "for 312 though 313 J 314 have 315 never 316 seen 317 it, 318 J 319 know 320 others 321 who 322 have." — W

6,3 8 7,8 9,5 10·4,7 16 9,2 10,4 13 19,2 — CS

fə ðou ai v nẹvə sin ịt / ai nou aðəz hu hæv /

7,2 5 3,8 15,7 5 5,8 5,2 9 14,5 — CS

---

323 "Then 324 you 325 refuse 326 to 327 believe 328 in 329 anything 330 that 331 you 332 or — W

9,2 21 2,2 6,2·22,2 7 8 5,2 19 4,6 28,4 18,6 — CS

ðen ju rəfjus tə bịlịv ịn enịþiŋ ðət ju ọr

13 6,8·6,7·3,9 5,6 7,6 10 4,9 9,4 1,8 — CS

---

333 others 334 have 335 not 336 seen?" 337 "Most 338 certainly," 339 said 340 the 341 youth. — W

12,3 12,5 6,4 8,5 16 10,3 10,4 11 7 — CS

aðəz əv nọt sin / moust sɜtnlị sẹd ðə juþ /

6,6 5,3 6,7 5,8 35,5 20 3,7 30 7,8·8·6 11 12,7 — CS

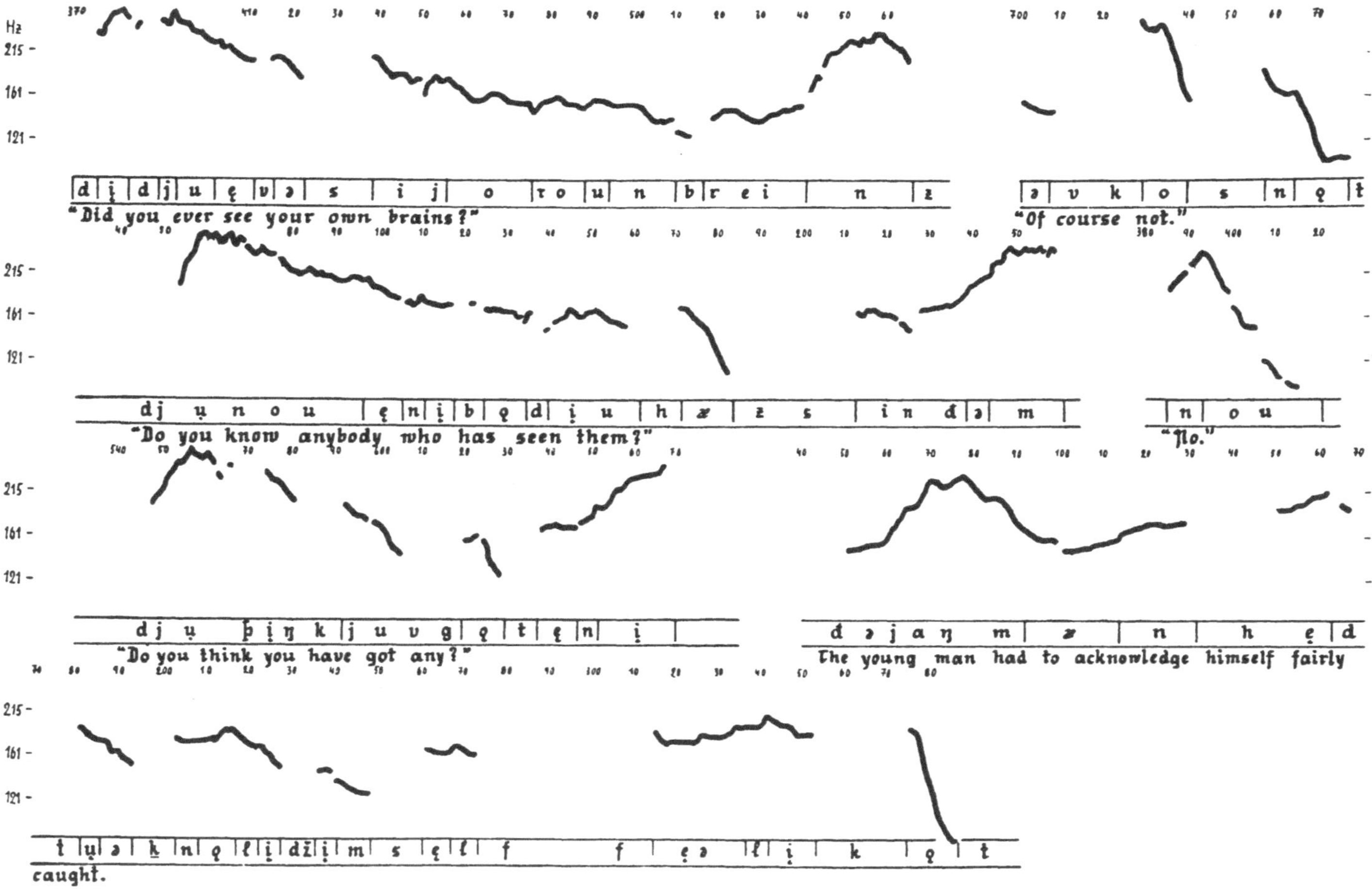
Hz
215 -
161 -
121 -
-90
-80
-70
d i̯ d j u ę v ə s i j o r o u n b r e i n z
"Did you ever see your own brains?"
ə v k o s n ǫ t
"Of course not."
dj u̯ n o u ę n i̯ b ǫ d i̯ u h æ z s i n đ ə m
"Do you know anybody who has seen them?"
n o u
"No."
dj u̯ þ i̯ ŋ k j u v g ǫ t ę n i̯
"Do you think you have got any?"
đ ə j a ŋ m æ n h ę d
The young man had to acknowledge himself fairly
t u̯ ə k n ǫ l i̯ dž i̯ m s ę l f f ę ə l i̯ k ǫ t
caught.

342 343 344 345 346 347 348 349 350 351 — W
"Did you ever see your own brains ?" "Of course not."

7,3 8,8 9,3 7 17,3 12-5,8 24,3 6,8 10,5 12,5 — CS
dįd ju ęvə si jor oun breinz / əv kos nǫt /
7 4 4,3 15,9 1,1 16 6,7 21,3 17,7 6,5 — CS

---

352 353 354 355 356 357 358 359 360 — W
"Do you know anybody who has seen them ?" "No."

9,1 6,9 9,5 21,8 12,3 5,5 27,5 — CS
d jụ nou ęnįbǫdį u hæz sin đəm / nou /
5,3 7,3 5,3 10 29 17,4 8,3 — CS

---

361 362 363 364 365 366 367 368 369 370 371 — W
"Do you think you have got any ?" The young man had

10,2 9,5 21,8 9,5 — CS
d jụ þįŋk ju v gǫt ęnį / đə jaŋ mæn hęd
7,5 5 17,5 19 — CS

---

372 373 374 375 376 — W
to acknowledge himself fairly caught.

4,5 7,4 8,9 5,3 4,8 6,6 21,6 11,2 12 — CS
tụ əknǫlįdž įmsęlf fęəlį kǫt /
9,9-5 5,2 8 8 12 6,4 41,4 5,5 21 — CS

# Where to cut the Cheese.

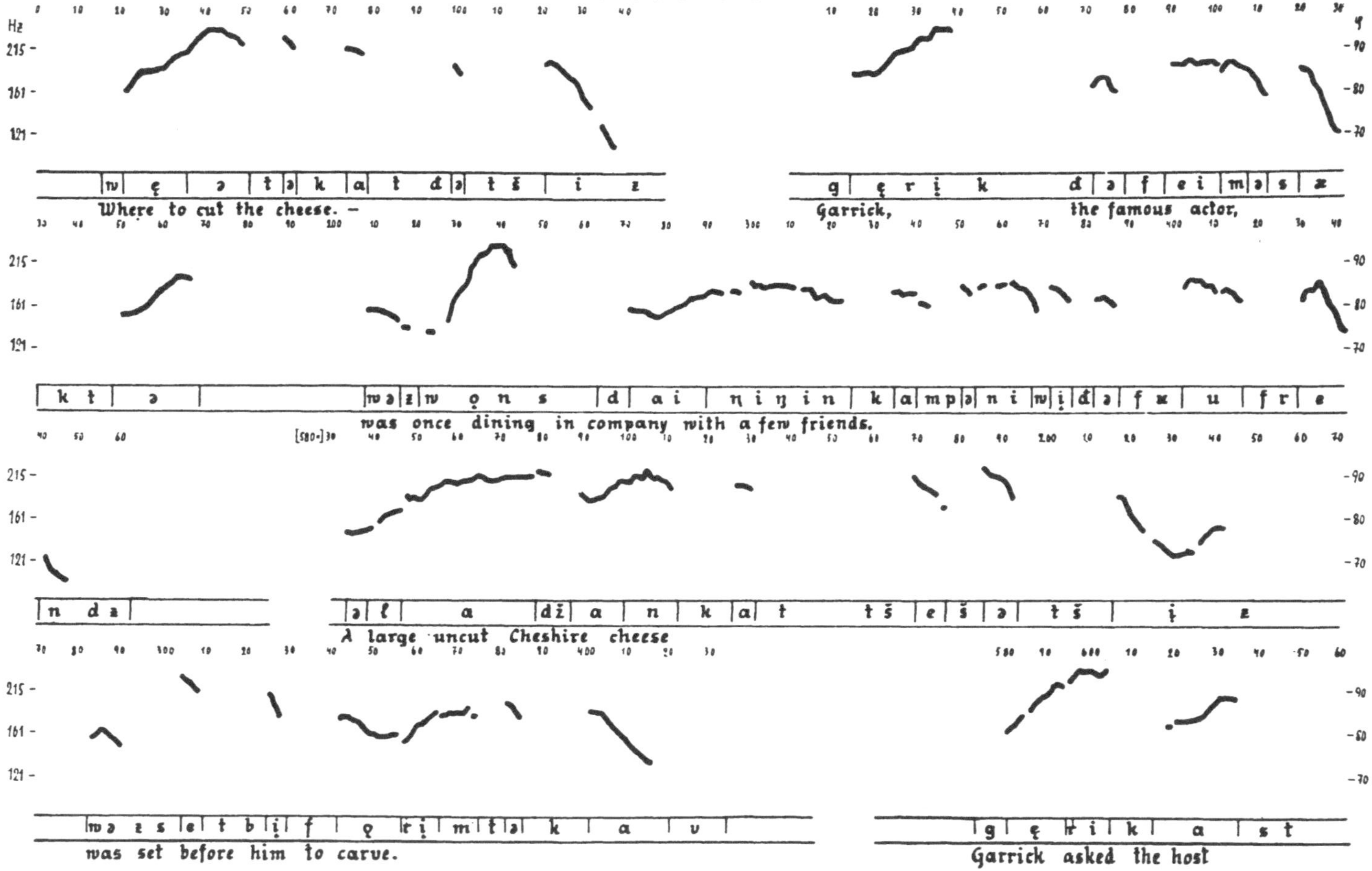

377 378 379 380 381 382 383 384 385
Where to cut the cheese. – Garrick, the famous actor, W

29,8 3 5,1 3,3 14,5 7,5 12,8 4,4 10,5 20,5 cs
wẹə tə kat đə tšiz / gẹrịk / đə feiməs ækta / 
5 8 11,8 19,9 19 9,3 6,5 7,3 17,9 cs

---

386 387 388 389 390 391 392 393 394
was once dining in company with a few friends. W

8,4 24,6 , 18,5 35 5,3 3,1 13,2 5,3 6 14,5 11,7 cs
wəz wọns dainiŋ in kampəni wịđ ə fæu frendz /
4,5 17,5 7,8 10 10,7 4,3 5,2 14,3 12,5 11,3 10 cs

---

395 396 397 398 399
A large uncut Cheshire cheese W

5,4 31,4 12,8 5,2 7,2 8 26,8 cs
ə ladž ankat tšešə tšịz /
8 8,7 13-13,2 38,5 8,8 22,3 8,5 cs

---

400 401 402 403 404 405 406 407
was set before him to carve. Garrick asked W

8,4 5 4,8 15,2 7,5 3,7 19 14 20 cs
wəz set bịfọr ịm tə kav / gẹrik ast
13,5 15,3 11,7 1,3 9,6 6,4 16 13,7 1,5 10 28,5 cs

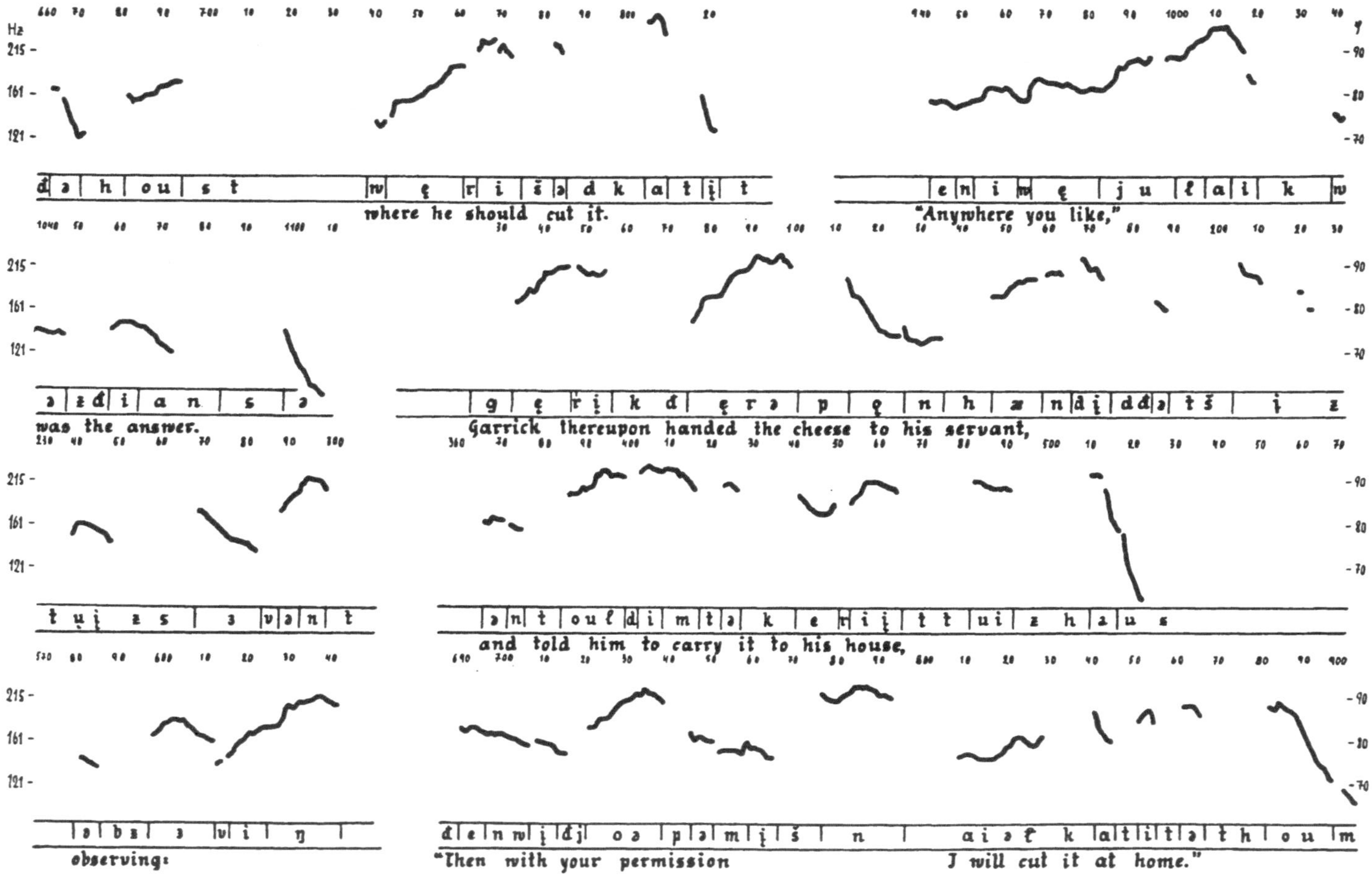
Hz
215
161
121
-90
-80
-70
where he should cut it.
"Anywhere you like,"
was the answer.
Garrick thereupon handed the cheese to his servant,
and told him to carry it to his house,
observing:
"Then with your permission
J will cut it at home."

408 the 409 host 410 where 411 he 412 should 413 cut 414 it. 415 "Anywhere 416 you 417 like," W

7,5 13,5 19 10,5 3,5 5,7 4 6,2 10,5 16 18,3 12,5 cs
đə houst / wẹr i šəd kat ịt / eniwẹ ju laik /
10,3 4,3 2,7 7,5 18,5 8,2 3,6 3,2 7 cs

---

418 was 419 the 420 answer. 421 Garrick 422 thereupon 423 handed 424 the 425 cheese W

10,5 13,5 14,2 8,3 13 11,8 7,2 4,2 cs
wəz đi ansə / gẹrịk đẹrəpọn hændịd đə tšịz
10,2 15 1,2 18,5 12 9,3 11,2 6,7-2,5 9,6 15 cs

---

426 to 427 his 428 servant, 429 and 430 told 431 him 432 to 433 carry 434 it 435 to 436 his 437 house, W

15,5 4,8 5,5 15,6 5,7 4,4 10,3 12,5 10,5 6,5-4,2 cs
tụ ịz sɜvənt / ən tould im tə keri ịt tu iz haus /
4,2 6,4 4 8,8 3 9 5,5 13,3 2,3 15,6 17,8 cs

---

438 observing: 439 "Then 440 with 441 your 442 permission 443 J 444 will 445 cut 446 it 447 at 448 home." W

6 15,5 9 6,5 6,6 18 5 7 20 4,9 4,3 5,5 15,5 cs
əbzɜviŋ / đen wịđ joə pəmịšn / ai əł kat it ət houm /
11,3 3,2 17,5 10,3 6,7 7,5 8,2 10,5-19,5 13,6 5,4 5,8 20 cs

Tafel 06

# The Sensible Wild Boar.

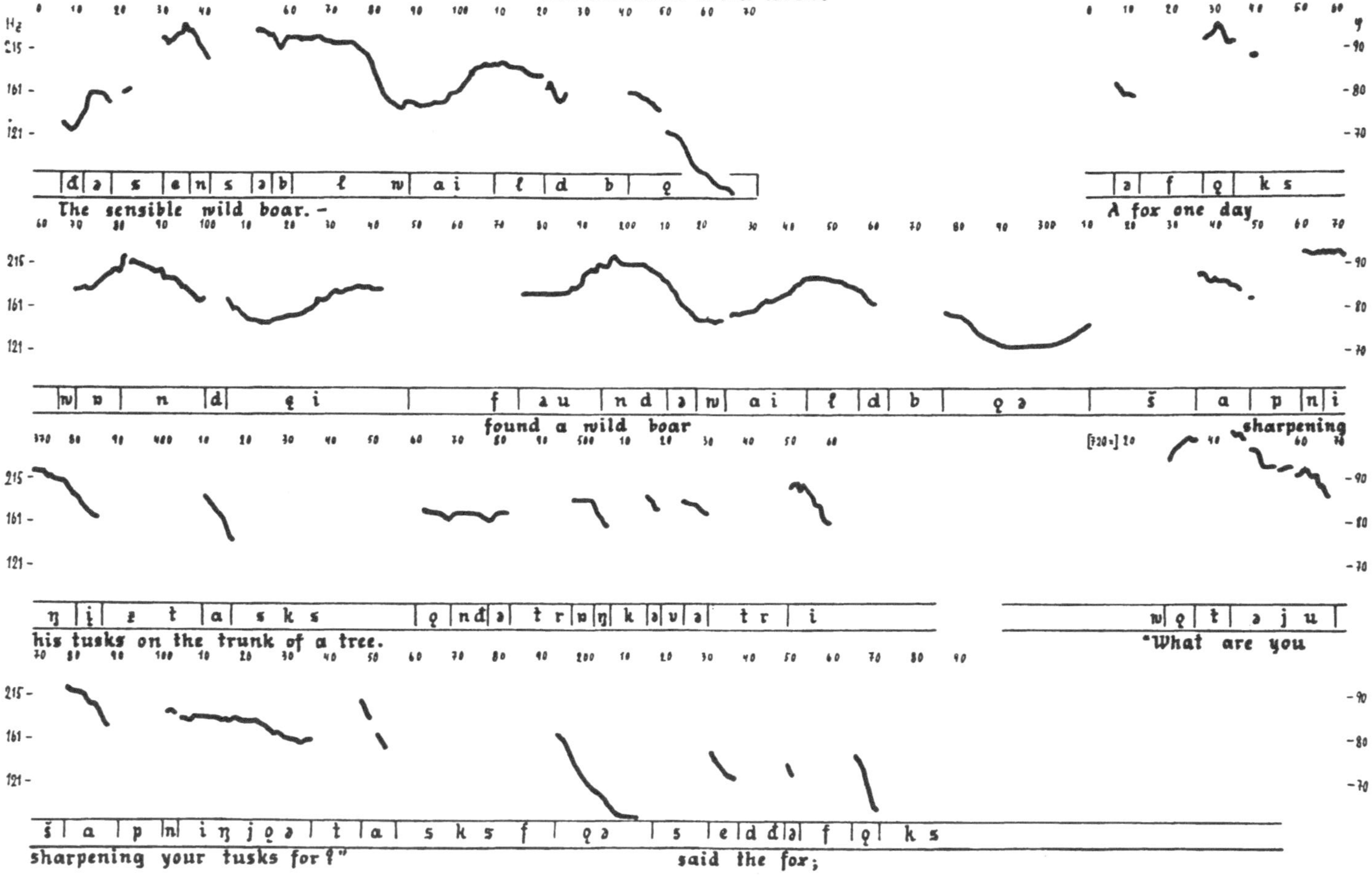

449 The 450 sensible 451 wild 452 boar. – 453 A 454 fox — W

6,3 6,4 4,6 20,4 40,5 5,7 7,6 — cs

ðə sensəbl waild bọ / ə fọks

5,2 12 4,6-10,4 4,8-19,3 8,5 12 20,2 14,8 — cs

---

455 one 456 day 457 found 458 a 459 wild 460 boar 461 sharpening — W

10,8 43 19,8 7 20 34,5 12,5 15,2 — cs

wɒn dẹi / faund ə waild bọə / šapniŋ

4 19,5 5,2 15,7 7 12,6 19,5 11,8-5 — cs

---

462 his 463 tusks 464 on 465 the 466 trunk 467 of 468 a 469 tree. 470 "What 471 are 472 you — W

6 8 8,5 5 5,7 3,6 5,6 30 7 — cs

ịz tasks ọn ðə trɒŋk əv ə tri / wọt ə ju

23,6 8,8 14,9 3,8-8,7 5,5 19,3 8,3 — cs

---

473 sharpening 474 your 475 tusks 476 for?" 477 said 478 the 479 fox; — W

12,7 8 23,5 7 3,5 6,5 — cs

šapniŋ jọə tasks fọə / sed ðə fọks /

10,4 10,3-3,4 12 37,5 11,4 12,5 — cs

# Tit for Tat.

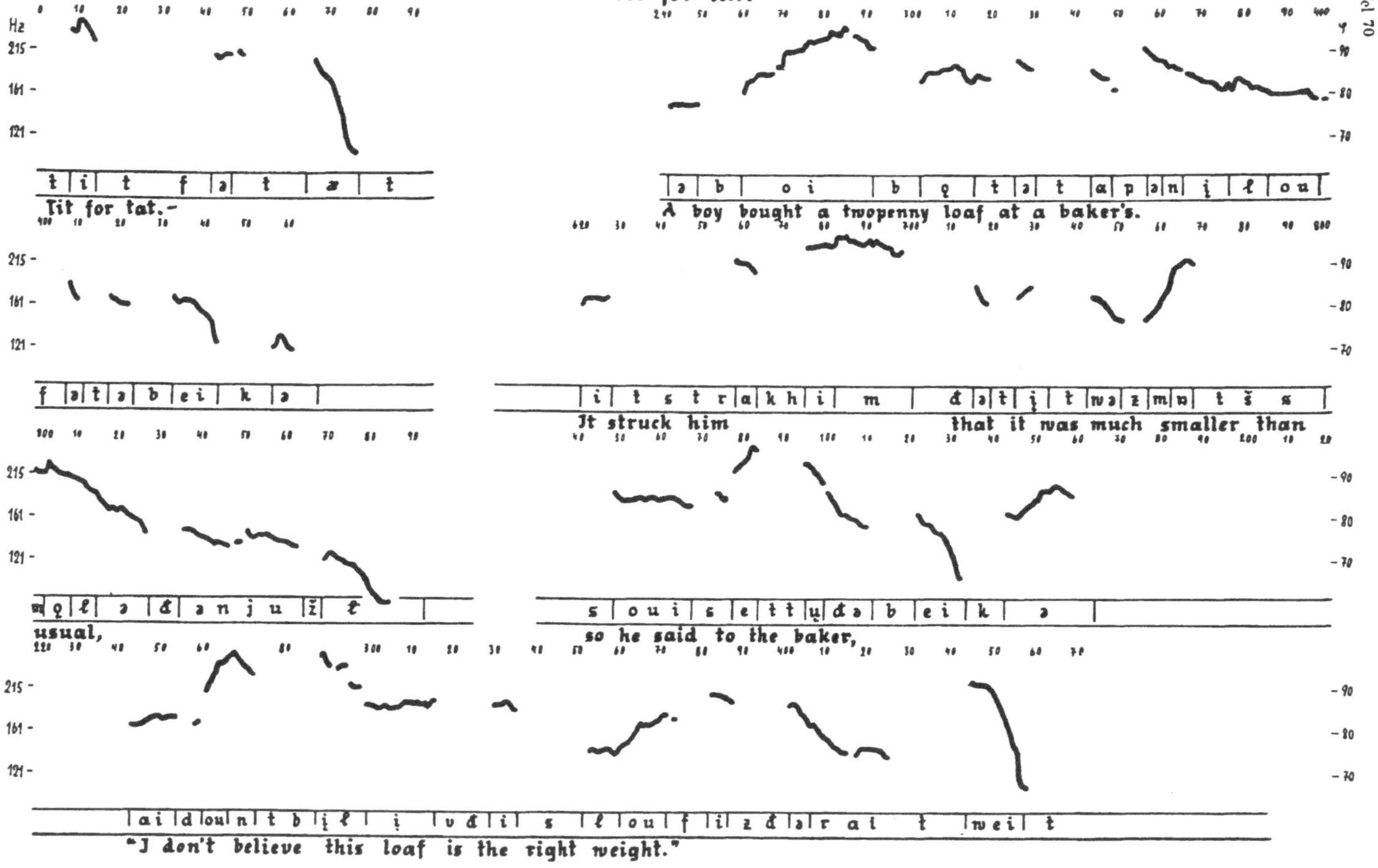
Tit for tat.–
A boy bought a twopenny loaf at a baker's.
It struck him that it was much smaller than
usual,
so he said to the baker,
"I don't believe this loaf is the right weight."

514 Tit 515 for 516 tat. – 517 A 518 boy 519 bought 520 a 521 twopenny 522 loaf W

6,3 4,8 10,9 7 31,8 13 5 5 3,7 11 11,5 cs

tit fə tæt / ə boi bọt ə tapənị louf

27,6 17,5 10,9 11,3 9,4 13,3 9 4,8 9,2 10 cs

---

523 at 524 a 525 baker's. 526 Jt 527 struck 528 him 529 that 530 it 531 was 532 much W

4 5,9 11 7,5 5,3 7,3 4,3 7,9 8 5,5 cs

ət ə beikə / it strak him / đət ịt wəz mɒtš

6 9,2 13 30 12 5,5 9,5 6,5 5,3 30,6 cs

---

533 smaller 534 than 535 usual, 536 so 537 he 538 said 539 to 540 the 541 baker, W

6,3 12,3 13 6 6,4 4,8 11,8 21,5 cs

smọlə đən južť / sou i set tụ đə beikə /

4 6 7,5 4,5-24,5 9,5 11,5 10 9,4 cs

---

542 "J 543 don't 544 believe 545 this 546 loaf 547 is 548 the 549 right 550 weight." W

11 6,3 12,3 16,3 6,6 11,5 4,5 5 15,3 cs

ai dount bịlịv đis louf iz đə rait weit /

6 6,5 14,3 13,3 15,6 9 10 15,5 cs

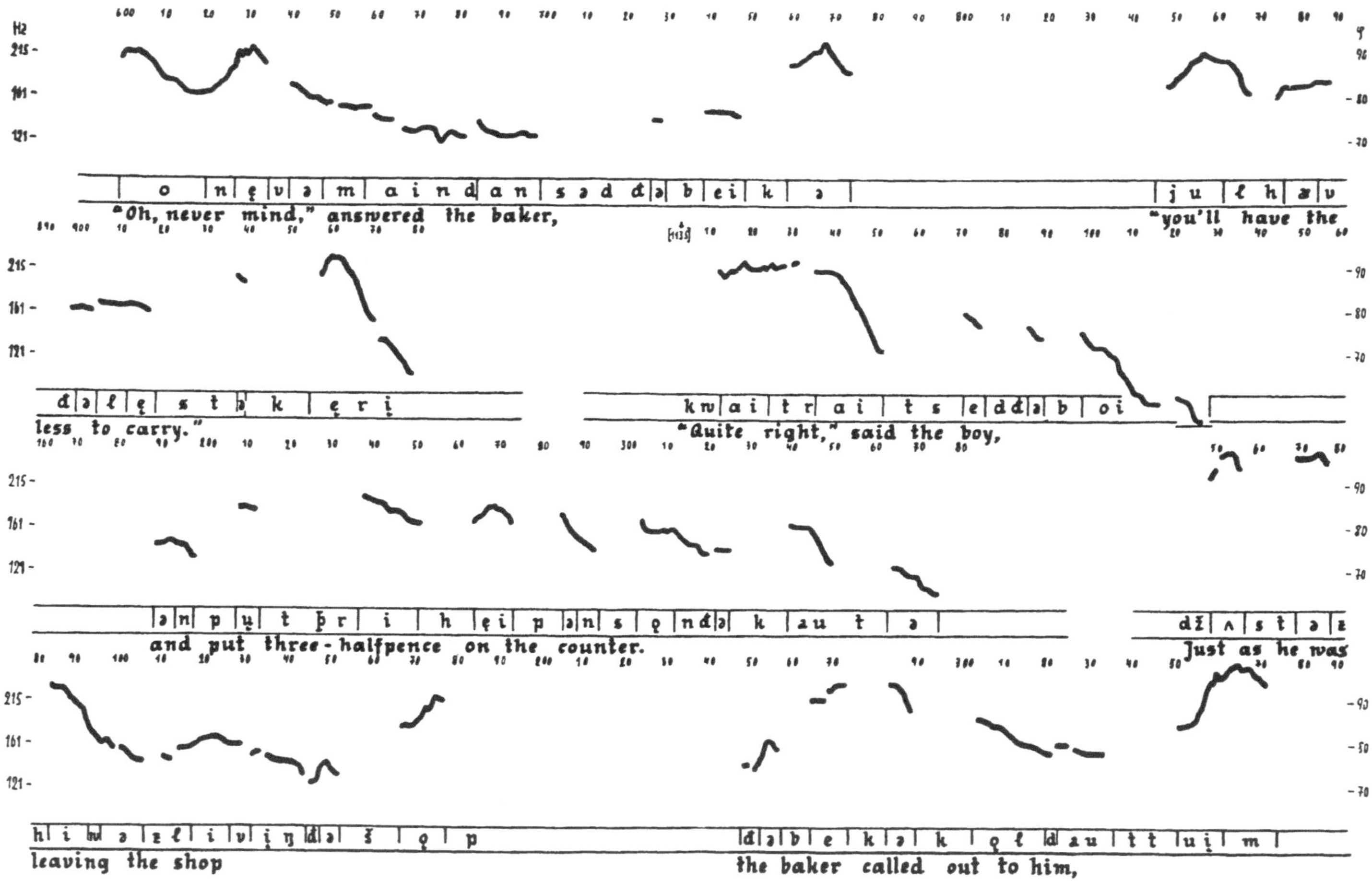
"Oh, never mind," answered the baker,
"you'll have the
less to carry."
"Quite right," said the boy,
and put three-halfpence on the counter.
Just as he was
leaving the shop
the baker called out to him,

| | | | | | | | | | | | | | |
|---|---|---|---|---|---|---|---|---|---|---|---|---|---|
| 551 | 552 | 553 | 554 | 555 | 556 | | 557 | 558 | | | | | |
| "Oh, | never | mind," | answered | the | baker, | | "you'll | have | | | | | W |
| 20,2 | 7,9 8 | | 15 | 3,5 | 10 15 | | | 8,5 | | | | | cs |
| o | nẹvə | maind | ansəd | đə | beikə | / | jul | hæv | | | | | |
| | 7 4,6 | 10 | | | 9 10,6 | | | 15,3 | | | | | cs |
| 559 | 560 | 561 | 562 | | 563 | 564 | 565 | 566 | 567 | | | | |
| the | less | to | carry." | | "Quite | right," | said | the | boy, | | | | W |
| 4,8 | 6,7 | 2 | | | 11,5 | | 5,4 | 3,5 | 30 | | | | cs |
| đə | lẹs | tə | kẹrị | / | kwait | rait | sed | đə | boi | / | | | |
| | 7,2 19,5 | | 15 | | 7,9 | 19 | 9,8 | | 9 | | | | cs |
| 568 | 569 | 570 | 571 | 572 | 573 | 574 | | 575 | 576 | | | | |
| and | put | three | halfpence | on | the | counter. | | Just | as | | | | W |
| 5 | 5,5 | 13,5 | 9 3,2 | 8,9 | 3,6 | 9,6 | | 8 | 8,2 | | | | cs |
| ən | pụt | þri | hẹipəns | ọn | đə | kautə | / | džʌst | əz | | | | |
| 4,5 | 10 23,5 | | 13,7 12 5,2-9,7 | 9,5 | | 14 11,3 | | 11,9 | 7,7 | | | | cs |
| 577 | 578 | 579 | 580 | 581 | | 582 | 583 | 584 | 585 | 586 | 587 | | |
| he | was | leaving | the | shop | | the | baker | called | out | to | him, | | W |
| 9,6 | 10 | 9 13 | 4,5 | 11 | | 5,3 | 8,7 7 | 17 | 13 | | 10,8 | | cs |
| hi | wəz | liviŋ | đə | šọp | / | đə | bekə | kọld | aut | tu | ịm | // | |
| | 3 3,9 | 7,1 4,8 | 3,3 | 14 | | 4,3 | 7,2 9 | 13,2 2,7 | 14,8 | | 12,5 | | cs |

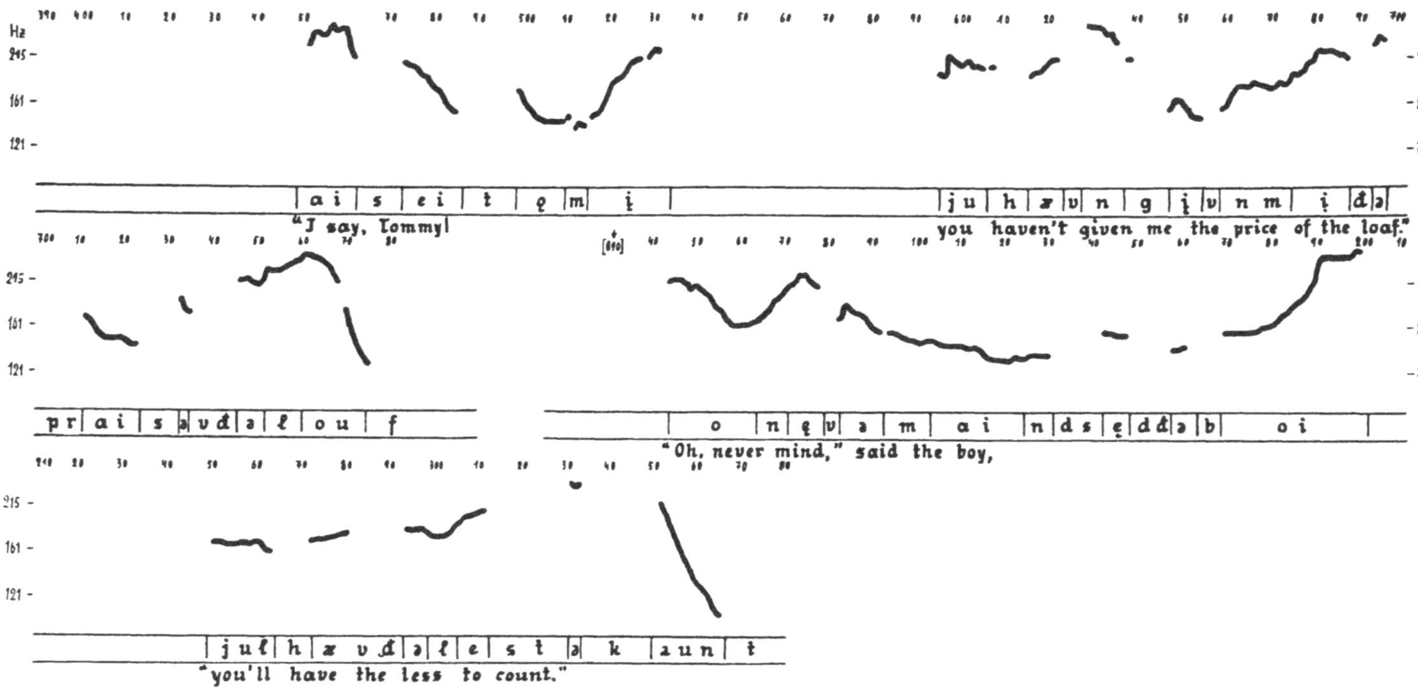
Hz
245
161
121
90
80
70
"I say, Tommy!
you haven't given me the price of the loaf."
"Oh, never mind," said the boy,
"you'll have the less to count."

588 589 590 591 592 593 594 595
"J say, Tommy! you haven't given me the — W

13,6 14 11 19 10,8 8 7,8 12,5 3,3 — cs
ai sei tọmị / ju hævn gịvn mị đə
10,2 12,3 5,4 9 4,3-9,6 10,2 3,5 16,2 5 — cs

---

596 597 598 599 600 601 602 603 604 605
price of the loaf." "Oh, never mind," said the boy, — W

13 2 6,3 9-5,7 20 8,4 10 21,3 6 4 33 — cs
prais əv đə louf / o nẹvə maind sẹd đə boi /
15,4 9 10,5 8,4 7,5 3,5 10,5 6,6 11 9,3 7,5 — cs

---

606 607 608 609 610 611
"you'll have the less to count." — W

15,2 8,3 5,6 7,4 2,5 16,8 — cs
jul hæv đə les tə kaunt /
8,6 12 6,5 18,2 16,3 — cs

Tafel 78

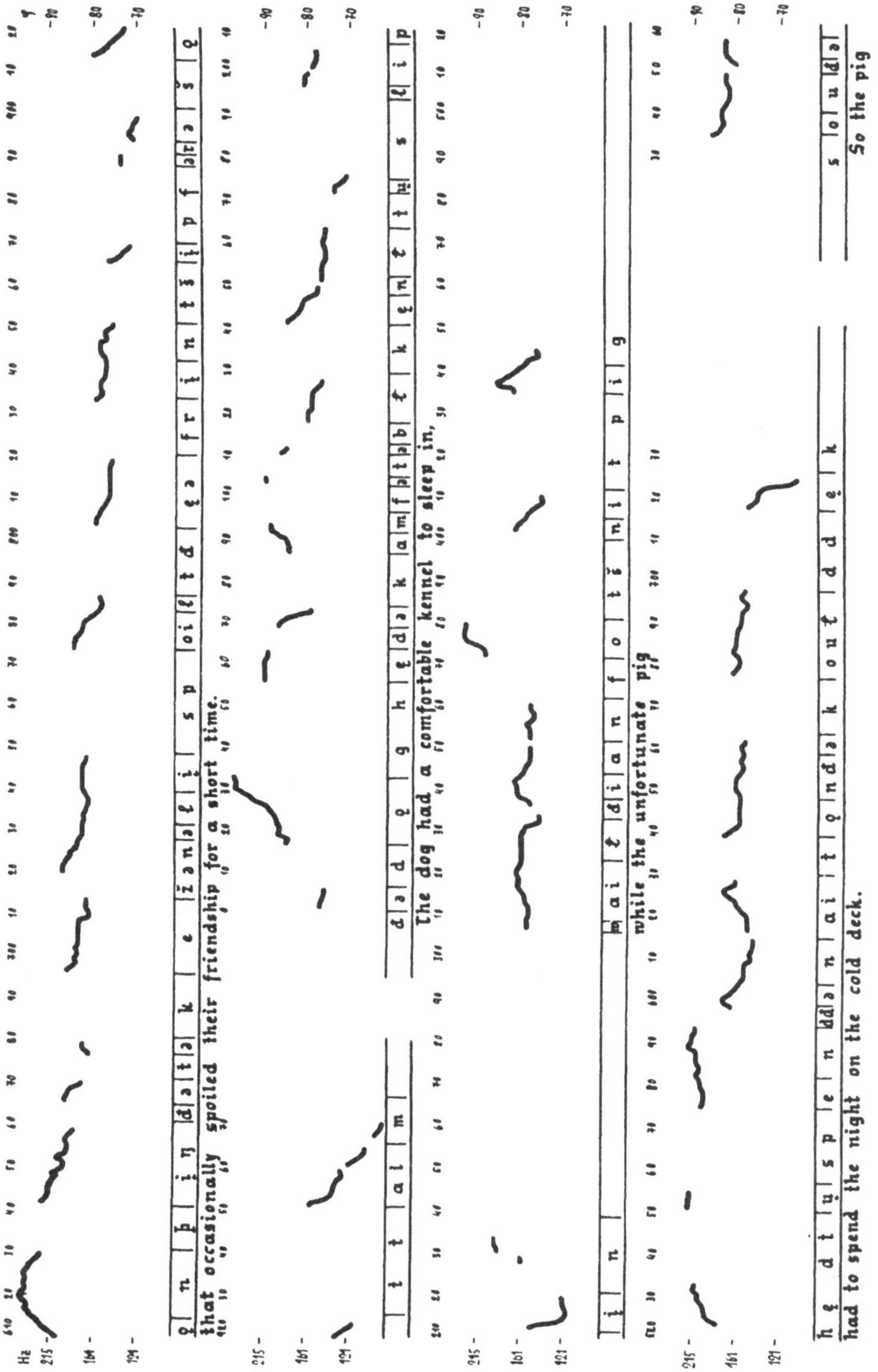

that occasionally spoiled their friendship for a short time.
The dog had a comfortable kennel to sleep in,
while the unfortunate pig
had to spend the night on the cold deck.
So the pig

653 654 655 656 657 658 659 660 661 662 W
one thing that occasionally spoiled their friendship for a short

8,8 19,5 5,7 4 17,5 14 3,7 17 13,5 17,7 8,9 4,5 2,7 7,4 13 cs
wọn þịŋ đət əkežənəlị spoilt đẹə frịntšịp fər ə šọt
16 10,3 4,2 5,8 15,5 25 16,3 13,4 8,8-14,3 17,7 3,1 11,2 25,5 cs

---

663 664 665 666 667 668 669 670 671 W
time. The dog had a comfortable kennel to sleep

14,7 5,7 16 8 5,4 5 2 2,5 7 3,3 9,6 cs
taim / đə dọg hẹd ə kamfətəbł kẹnł tụ slịp
11 10 23 5 12,6 4,8-6,6 5,3 5,2-11,4 11,8 4,1-11,2 8 18,6-3 5,6 cs

---

672 673 674 675 676 W
in, while the unfortunate pig

9 14,7 5,6 7,8 9,2 7 10,7 cs
ịn / wait đi anfotšnit pig /
16,1 2,3 9,6 5,2 10,3-9,7 19,2 5,3 22,5 cs

---

677 678 679 680 681 682 683 684 685 686 687 W
had to spend the night on the cold deck. So the

7 7,5 5 14,8 9 4,8 20,7 8,7 14,2 5 cs
hẹd tụ spend đə nait ọn đə koułd dẹk / sou đə
17,2 11,9 5,1 10,8 9,6 10,5 13,5 19,7 3,4 cs

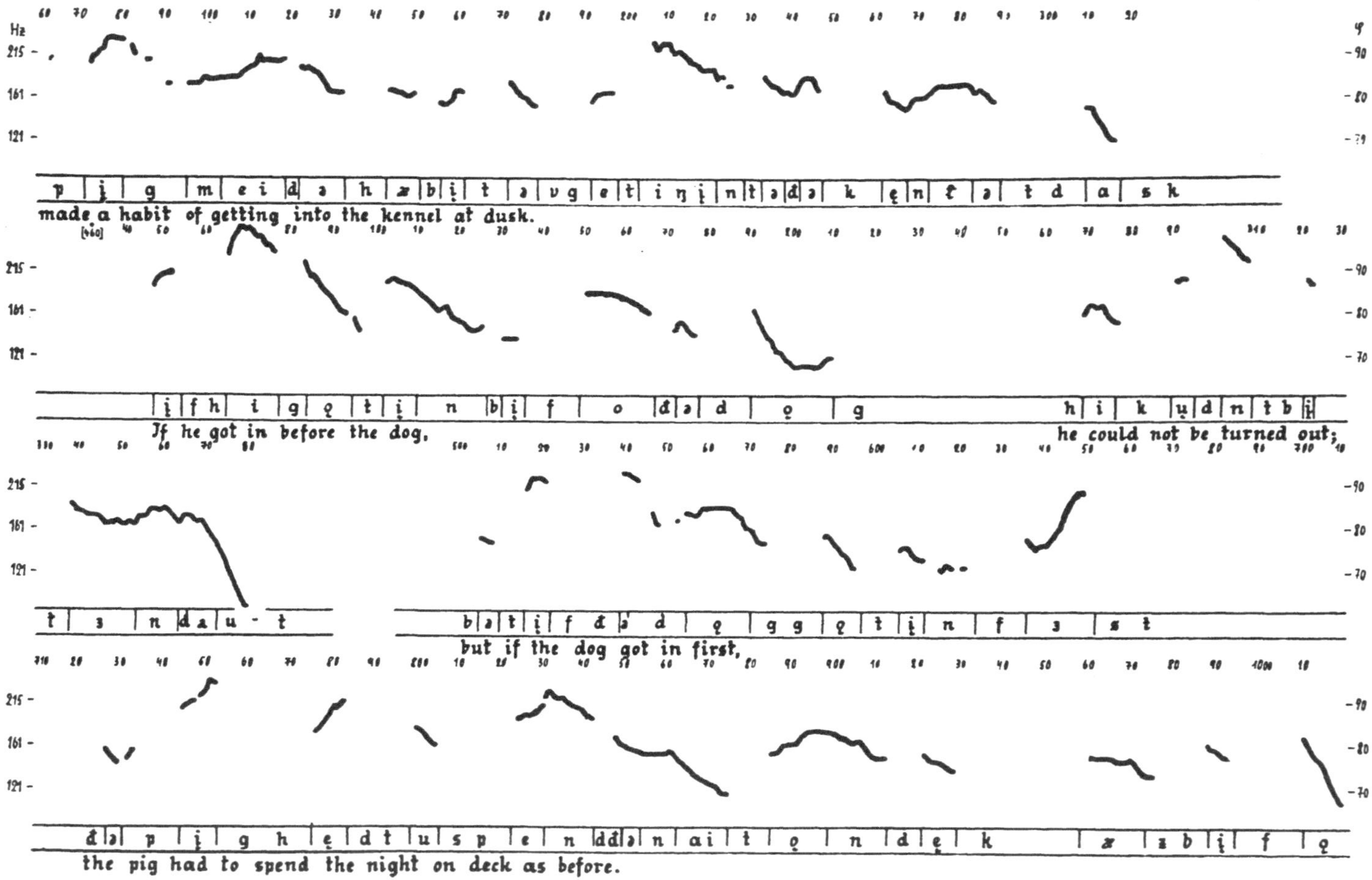
made a habit of getting into the kennel at dusk.
If he got in before the dog.
he could not be turned out;
but if the dog got in first,
the pig had to spend the night on deck as before.

| | | | | | | | | | | | |
|---|---|---|---|---|---|---|---|---|---|---|---|
| 688 | 689 | 690 | 691 | 692 | 693 | 694 | 695 | 696 | 697 | 698 | |
| pig | made | a | habit | of | getting | into | the | kennel | at | dusk. | W |
| 9,1 | 15,1 | 10,8 | 7,8 5,9 | 6,8 | 6,7 — 16 — | 5,6 | 5 | 5,4 | 6,6 | 8,5 | cs |
| pịg | meid | ə | hæbịt | əv | getiŋ | ịntə | ðə | kẹnł | ət | dask / | |
| 14 23,2 | | 3,4 | 10,3 4,5 10,7 | 12,8 | 7,9 | 6,6-4,3 | 3,8 | 14,5 5,7-10,2 | | 19,5 | cs |

| | | | | | | | | | | | |
|---|---|---|---|---|---|---|---|---|---|---|---|
| 699 | 700 | 701 | 702 | 703 | 704 | 705 | 706 | 707 | 708 | 709 | |
| If | he | got | in | before | the | dog, | he | could | not | be | W |
| 6,5 | 12,3 | 11 | 8 | 5,5 18 | 5,7 | 20 | 7,5 | 5,2 | | 2,6 | cs |
| ịf | hi | gọt | ịn | bịfo | ðə | dọg / | hi | kụd | nt | bị | |
| 10,5 | | 6,3 7,6 | 17 | 3,2 13,4 | 5 | 12,4 | | 13,1 6 | 7 12 | | cs |

| | | | | | | | | | |
|---|---|---|---|---|---|---|---|---|---|
| 710 | 711 | 712 | 713 | 714 | 715 | 716 | 717 | 718 | |
| turned | out; | but | if | the | dog | got | in | first, | W |
| 15,3 | 16,7 | 4,7 | 6,5 | | 15,7 | 9 | 6,2 | 16,2 | cs |
| tɜnd | aut / | bət | ịf | ðə | dọg | gọt | ịn | fɜst / | |
| 15,2 10-2,2 | | 6 | 16,8 | | 9,8 17,8 | 8,5 | 12,3 | 11,5 | cs |

| | | | | | | | | | | | |
|---|---|---|---|---|---|---|---|---|---|---|---|
| 719 | 720 | 721 | 722 | 723 | 724 | 725 | 726 | 727 | 728 | 729 | |
| the | pig | had | to | spend | the | night | on | deck | as | before. | W |
| 4 | 8,5 | 8,7 | 6,4 | 7,7 | 4,6 | 12,3 | 13,8 | 8,2 | 15,2 | 6,2-28,5 | cs |
| ðə | pịg | hẹd | tu | spend | ðə | nait | ọn | dẹk | æz | bịfọ / | |
| | 13,6 22,3 | 14,8 | | 17,7 12 6,6 | | 8,6 10,2 | 14,2 | 8,3 14,7 | 14,5 | 16,3 | cs |

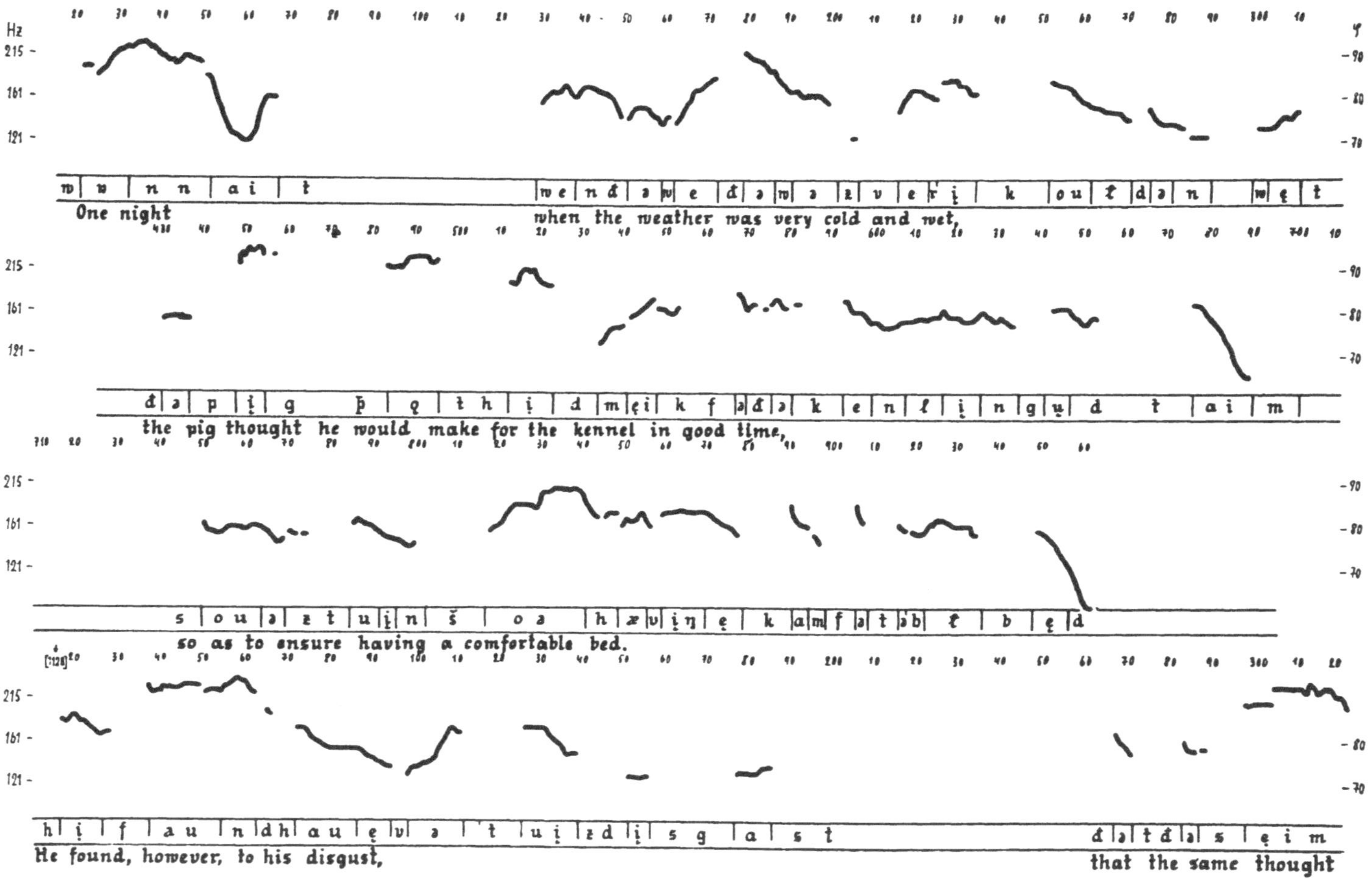
Hz
One night
when the weather was very cold and wet,
the pig thought he would make for the kennel in good time,
so as to ensure having a comfortable bed.
He found, however, to his disgust,
that the same thought

730 One 731 night 732 when 733 the 734 weather 735 was 736 very 737 cold 738 and 739 wet, W

11,2 16 9,6 8 13 7,7 10,5 7,2 9,3 10,1 5,7 8 CS

wɒn nait / wen đə weđə wəz verị kouɫd ən wẹt /

4,2 19,1 12,8 6,3 4,5 5,5 9,2 2,5 17 9,3·4,2 CS

---

740 the 741 pig 742 thought 743 he 744 would 745 make 746 for 747 the 748 kennel 749 in 750 good 751 time, W

6,5 7 12,3 10,3 7,5 2,1 5 6,4 9 6 14,3 CS

đə pịg þọt hị d mẹik fə đə kenl ịn gụd taim /

10,8 29 16,5 11,2 7 19 8,3 12,6 8·9 9 6,2 28,6 10,8 CS

---

752 so 753 as 754 to 755 ensure 756 having 757 a 758 comfortable 759 bed. W

19,4 7,4 3,7 24 7,5 10,5 8,8 4,5 2 6,6 8,5 CS

sou əz tu ịnšoə hævịŋ ẹ kamfətəbɫ bẹd /

15,4 6,8·14,4 7,5 3 12,2 3,3·7,5 7,5 13,6 12 CS

---

760 He 761 found, 762 however, 763 to 764 his 765 disgust, 766 that 767 the 768 same W

10 17 14,4·8,3 13,5 13,2 5,3 9 4,2 3,9 9,5 CS

hị faund hauẹvə tu ịz dịsgast / đət đə sẹim

10,9 8 9,7 4 14 12,4 20,1 11,6 10,7 15,7 CS

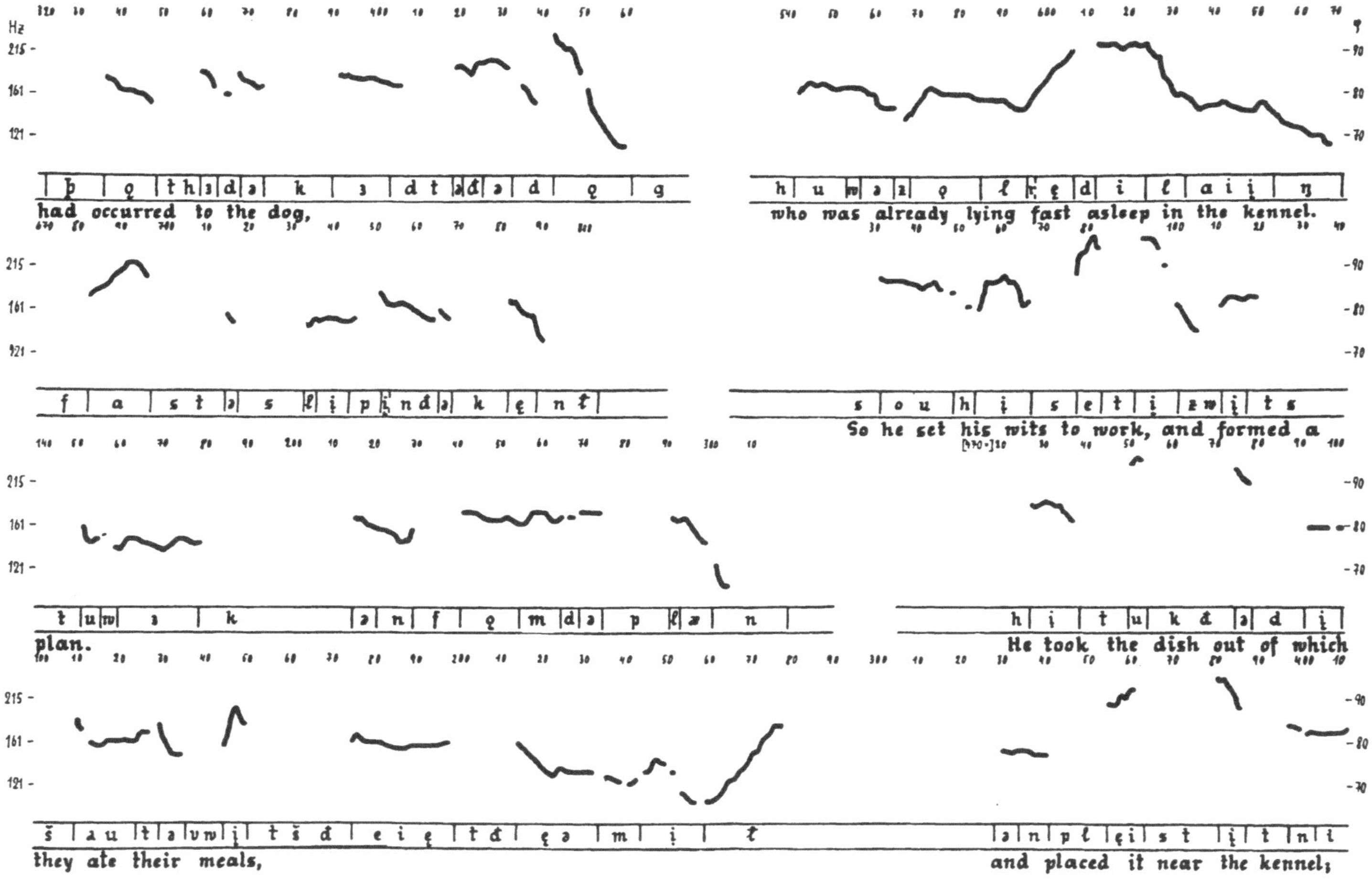
had occurred to the dog,
who was already lying fast asleep in the kennel.
So he set his wits to work, and formed a
plan.
He took the dish out of which
they ate their meals,
and placed it near the kennel;

769 770 771 772 773 774 775 776 777 778
thought had occurred to the dog, who was already lying W

12,4 4,1 5,7·13,5 2,1 6,6 18,5 12,3 8 23,8 9 11,7 20,5 CS
þǫt hɜd əkɜd tə đə dǫg / hu wəz ǫlrẹdį laįįŋ
13,5 10,3 5,4 16,2 15,4 4,8 10,4 3,6 3,7 2 5 9,3 16 CS

---

779 780 781 782 783 784 785 786 787 788
fast asleep in the kennel. So he set his wits W

15 3,3 8 2,5 3,2 6,6 17,4 13,3 5,7 6 CS
fast əslįp įn đə kẹnł / sou hį set įz wįts
12,3 17,5 15,2·3 7,2 11,3 13,6 15 5,3 10,4 8 33,7 CS

---

789 790 791 792 793 794 795 796 797 798
to work, and formed a plan. He took the dish W

4,5 19 5,7 14 5,2 12,4 11,7 4,5 8,4 CS
tu wɜk ən fǫmd ə plæn / hį tuk đə dįš
4 12,8 8,5 11,3 10,2·4,6 16,4·2,5 13,5 11,5 20,5 12,1 10,5 CS

---

799 800 801 802 803 804 805 806 807 808 809
out of which they ate their meals, and placed it near W

14,4 6,3 6 24,3 20 15,5 5,5 8,7 6,3 15,3 CS
aut əv wįtš đei ẹt đẹə mįł / ən plẹist įt niə
5,4 8,4 24,5 14,7 9,5 7,4 13,2 17,3 10 6,3 CS

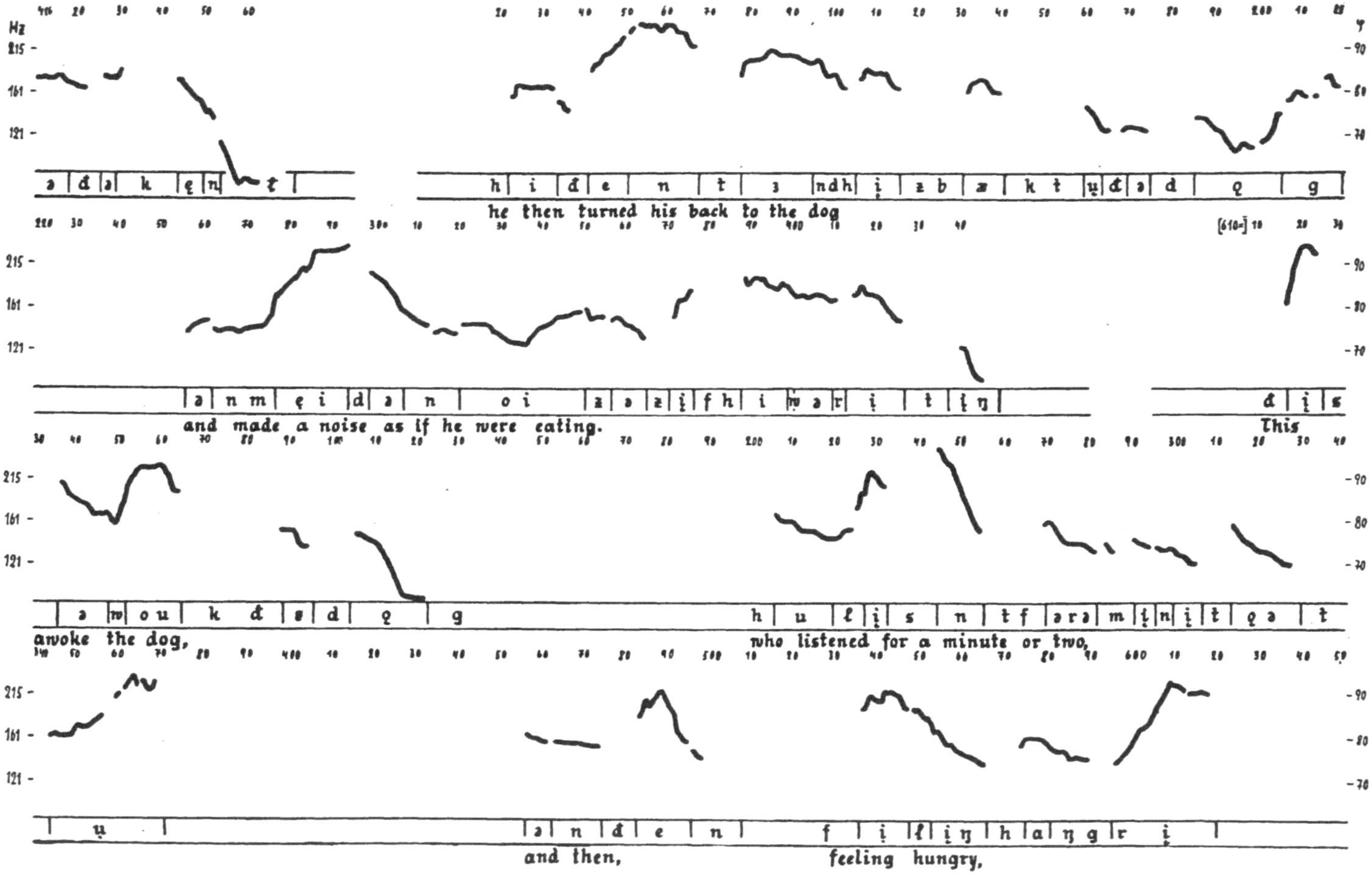
Hz
215
161
121
he then turned his back to the dog
and made a noise as if he were eating.
This
awoke the dog,
who listened for a minute or two,
and then,
feeling hungry,

810 the 811 kennel ; 812 he 813 then 814 turned 815 his 816 back 817 to 818 the 819 dog — W

3,5 6,3 12 9,5 17,7 10,5 10 4,2 4,5 20,3 — cs

đə kẹnł / hi đen tɜnd hịz bæk tụ đə dọg / 

7,6 14,3 3,7-17,5 7,5 17,3 9,5 10 14,8 18,8 6 11,3 — cs

---

820 and 821 made 822 a 823 noise 824 as 825 if 826 he 827 were 828 eating . 829 This — W

5 17,2 8,7 30 8,2 5,5 11,5 10,2 13,5 12 — cs

ən mẹid ə noiz əz ịf hi wər ịtịŋ / địs

13,5 1,5 4,9 13,2 6,6 5,5 11,3 1,2 3,5 10,8 11,1 — cs

---

830 awoke 831 the 832 dog , 833 who 834 listened 835 for 836 a 837 minute 838 or — W

15,8 13,2 7 18,5 14,5 5,2 12,2 4,8 6,7 16,2 — cs

əwouk đə dọg / hu lịsnt fər ə mịnịt ọə

23,4 8,8 7,3 11,7-11 14,4 8,8 4,4 6,7 — cs

---

839 two , 840 and 841 then , 842 feeling 843 hungry , — W

27 6,2 13,5 11,5 13,2 5,8 24,5 — cs

tụ / ən đen / fịlịŋ haŋgrị /

14,7 12 8,2 12 5,3 9,2 14,5 — cs

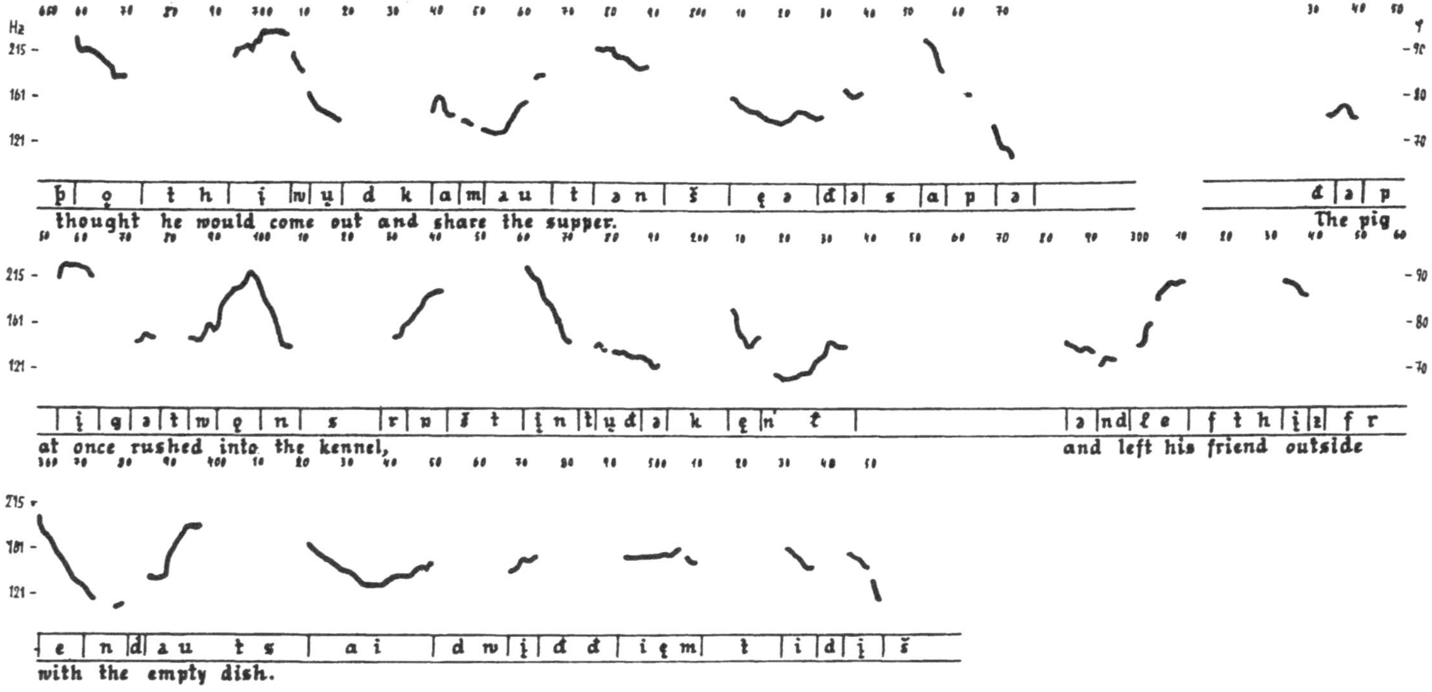
Hz
215
161
121
thought he would come out and share the supper.
The pig
at once rushed into the kennel,
and left his friend outside
with the empty dish.

844 thought 845 he 846 would 847 come 848 out 849 and 850 share 851 the 852 supper. 853 The — W

14,9 14 7,6 6,3 15,3 16,2 20,6 4,2 5,3 10,5 5,8 — cs

þọt hị wụd kam aut ən šẹə đə sapə / đə

19,7 4,2 20,2 5,6 9,7 15 6,2 13,5 9 — cs

---

854 pig 855 at 856 once 857 rushed 858 into 859 the 860 kennel, 861 and 862 left 863 his — W

9,2 6,8 9,4 9,4 12,8 10,4 6 7,5 7 13,1 5,4 — cs

pịg ət wọns rɒšt ịntụ đə kẹnl / ənd left hịz

14 7,2 6,1 6,8 9,1-18,5 5,7 17,2 3,8 14 2,8-19 7,5 21 22,3 — cs

---

864 friend 865 outside 866 with 867 the 868 empty 869 dish. — W

10,5 13,4 28,6 6,8 8,2 6,5 8,7 10,5 — cs

frend autsaid wịđ đi ẹmti dịš /

9,8-3,6 23,4 16,8 18,3 5-18 5,8 — cs

# Wasting Time.

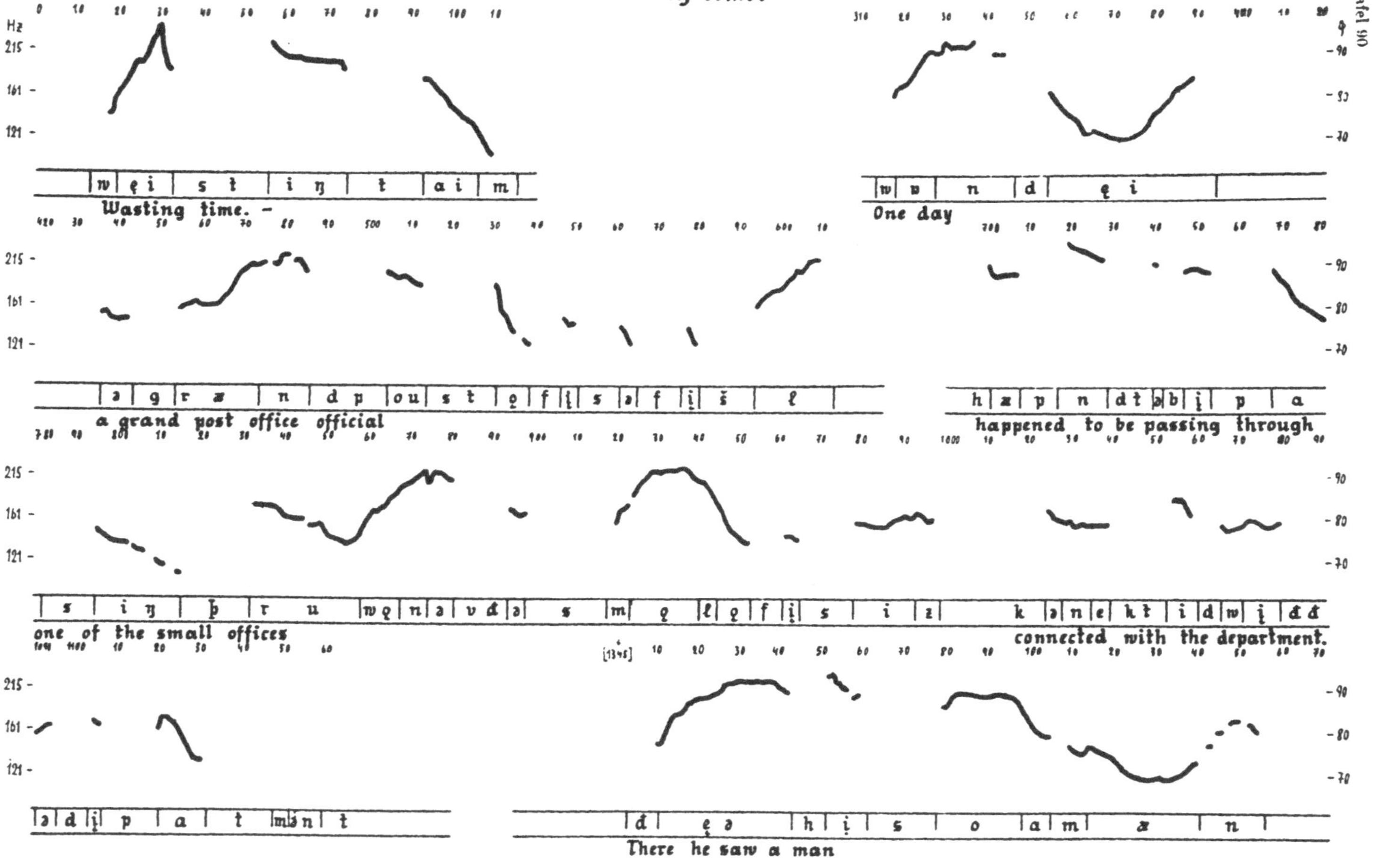

870 Wasting 871 time. 872 One 873 day — W<br>
13,5 ‿19,2 13,2 9,8 40 — cs<br>
**wẹistiŋ taim / wɒn dẹi /**<br>
6,3 22,5 18 9,3 5 18,5 7,7 — cs

---

874 a 875 grand 876 post 877 office 878 official 879 happened 880 to 881 be 882 passing — W<br>
7,5 ‿20 9,5 8,1 4,2 4,5 4,3 7,3 2,6 6,2 14,4 ‿20,5 — cs<br>
**ə grænd poust ọfịs əfịšl / hæpnd tə bị pasiŋ**<br>
10 12 18,6 16,7 7,6 10,2 10,8 13,2-19,7 8,7-12,4 10,5 5,1 14,5 12,5 — cs

---

883 through 884 one 885 of 886 the 887 small 888 offices 889 connected 890 with — W<br>
‿26,4 9,5 6,2 4,2 16,3 8 4,2 14,8 3,6 4,6 7,8 8,7 — cs<br>
**þru wọn əv ðə smọl ọfịsiz / kənektid wịð**<br>
16,6 6,7 13 19,8-6,2 4,5 8 12,8 6 7 13,2 10,6 ‿11,6 — cs

---

891 the 892 department. 893 There 894 he 895 saw 896 a 897 man — W<br>
5 3 11,4 1,5 32,7 10 19,2 7,8 26,8 — cs<br>
**ðə dịpatmənt / ðẹə hị so a mæn /**<br>
‿ 7,6 13,5 16 3,7 6,5 8,1 16,5 8,6 15 — cs

Tafel 92

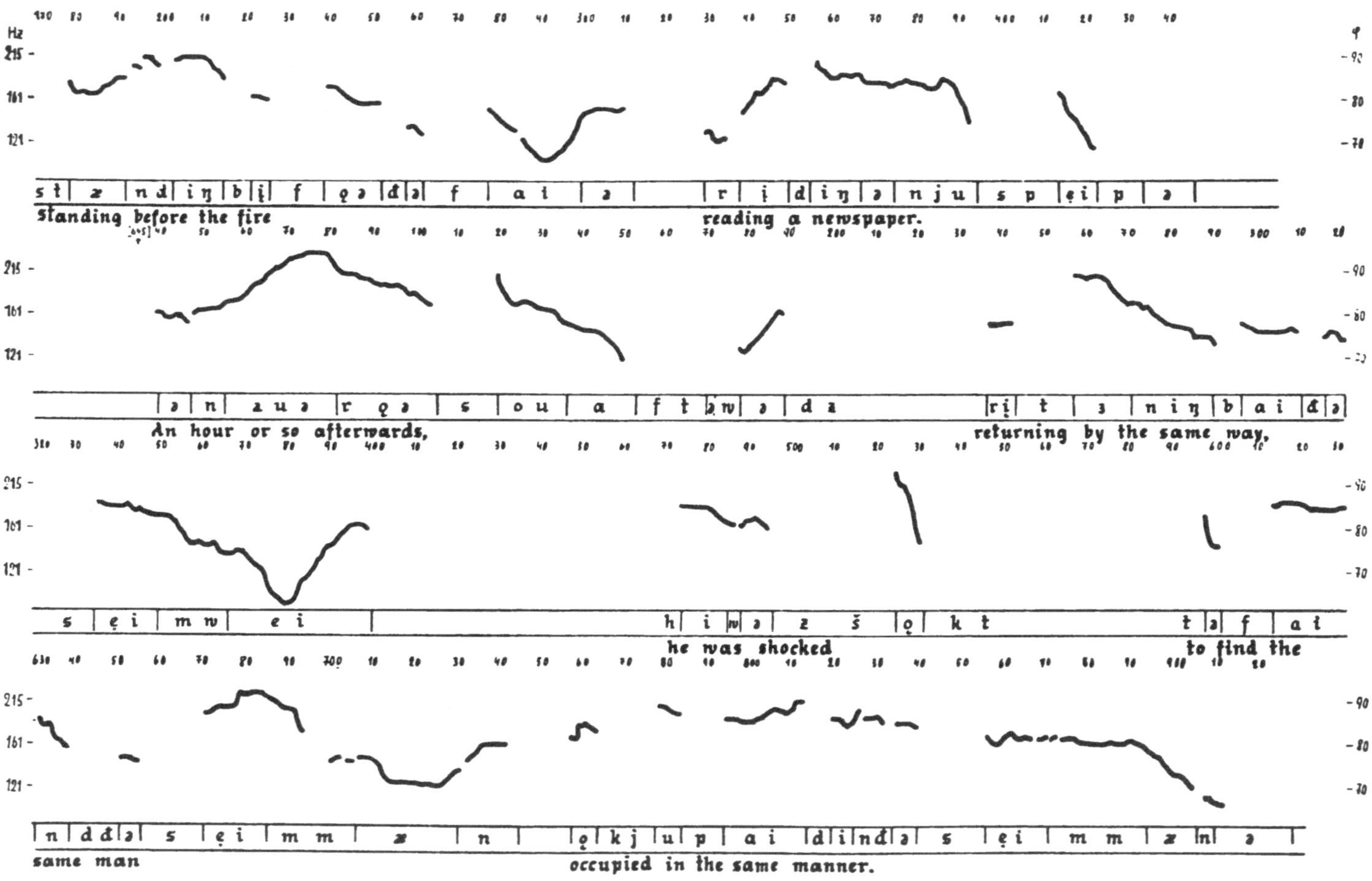
Standing before the fire
reading a newspaper.
An hour or so afterwards,
returning by the same way,
he was shocked
to find the
same man
occupied in the same manner.

898 standing 899 before 900 the 901 fire 902 reading 903 a 904 newspaper. W

13,3 12 4,5 13,9 4 35 12 11,7 7,9 20 9,2 12,2 cs

stændiŋ bịfọə đə faiə / rịdiŋ ə njuspẹipə /

11,2 6,2 12,6 6,4 15,2 8,5 5 19,2 10,7 cs

---

905 An 906 hour 907 or 908 so 909 afterwards, 910 returning 911 by 912 the W

7,7 26,3 23,7 16,5 16,5 1,7 10,8 7,2 13,5 19,5 14 4,6 cs

ən auər ọə sou aftəwədz / rịtɜniŋ bai đə

7,8 14,5 17 8,6 18 13,8 6,2 5,4 cs

---

913 same 914 way, 915 he 916 was 917 shocked 918 to 919 find W

14,8 34 11,1 7,8 6,7 3,8 17,7 cs

sẹim wei / hi wəz šọkt / tə faind

14,6 16,5 3,3 28,8 12 8 11,8 cs

---

920 the 921 same 922 man 923 occupied 924 in 925 the 926 same 927 manner. W

5 15 24 6,4 6,7 20 5,3 6 14,5 11,4 18 cs

đə sẹim mæn / ọkjupaid in đə sẹim mænə /

14,5 21 14,5 13,6 9,8 5,5 9 16,2 23,6 4,2 cs

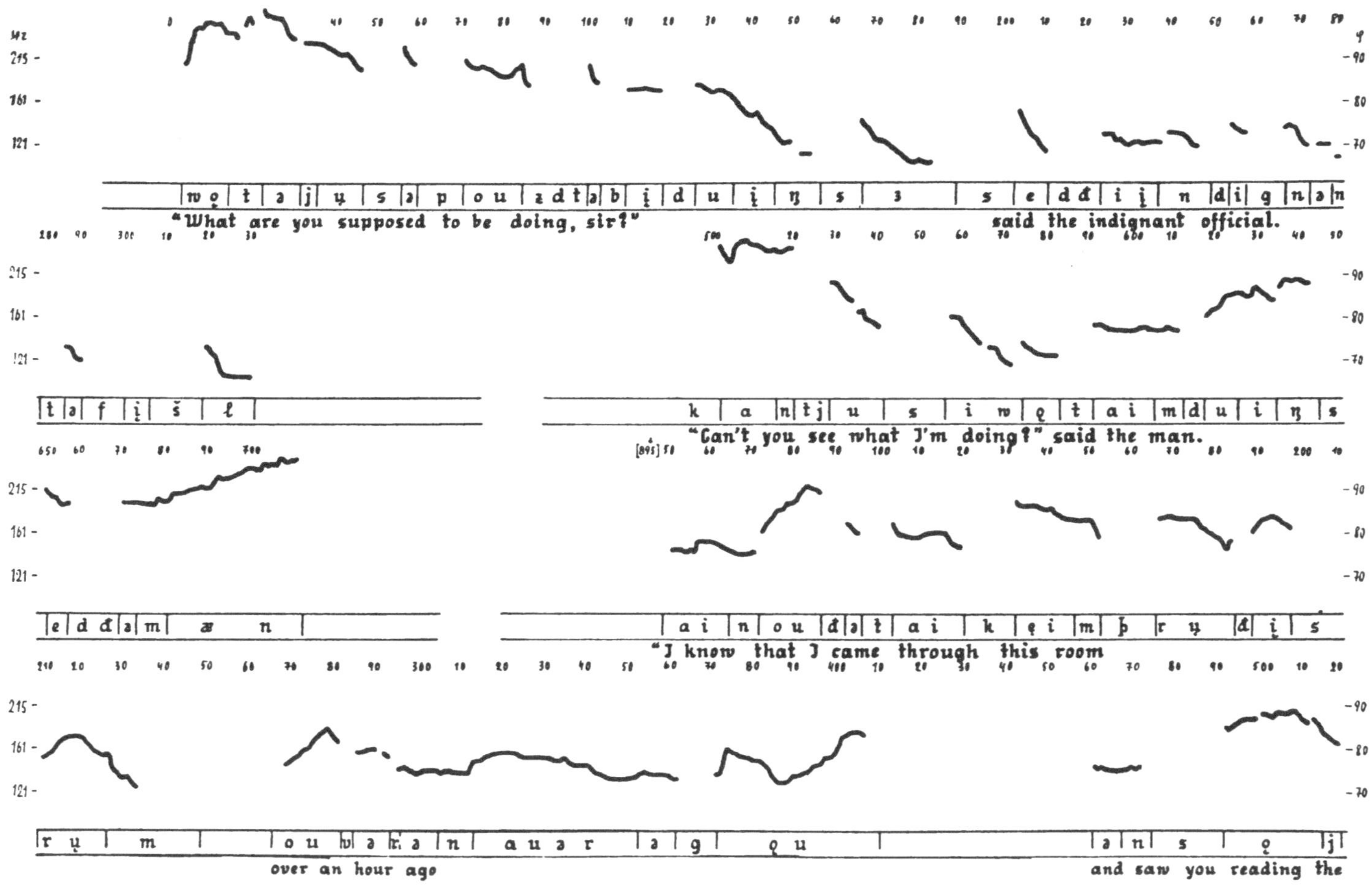
Hz
215
161
121
90
80
70
"What are you supposed to be doing, sir?"
said the indignant official.
"Can't you see what I'm doing?" said the man.
"I know that I came through this room
over an hour ago
and saw you reading the

928 929 930 931 932 933 934 935 936 937 938

"What are you supposed to be doing, sir?" said the indignant W

11,3 8,7 15 3,5 14,4 3 9,3-10 22 8 13,8 4 5 cs

wọt ə jụ səpouzd tə bị duịŋ ɜ: sed đi ịndignənt

8,1 9,4 11 16 6 12 11 10 14 12,3 9-7,9 9,1-5,4 3,6-5,8 cs

---

939 940 941 942 943 944 945

official. "Can't you see what I'm doing?" W

4,2 6 13,2 13 18,2 8,9 14,7 8,3-8,7 cs

əfịšl / kant ju si wọt aim duiŋ

9,6 12,3-12,3 4,2 8,4 14,5 8 6,7 5,1 10 cs

---

946 947 948 949 950 951 952 953 954 955

said the man. "I know that I came through this W

5,4 3,5 19,3 8,7-7,3 15,2 4 16,8 14 19 9 cs

sed đə mæn / ai nou đət ai kẹim þrụ địs

7,8 12 7,5 12,5 7,1 5,5 7,2 12 6,4 13,6 3,9 12,5 cs

---

956 957 958 959 960 961 962

room over an hour ago and saw W

16,5 16,6 6,5 9 8,8 38,5 7,2 22,5 cs

rụm / ouvər ən auər əgọu / ən sọ

22,3 5 2,3 8,4 10,3 7 17,2 cs

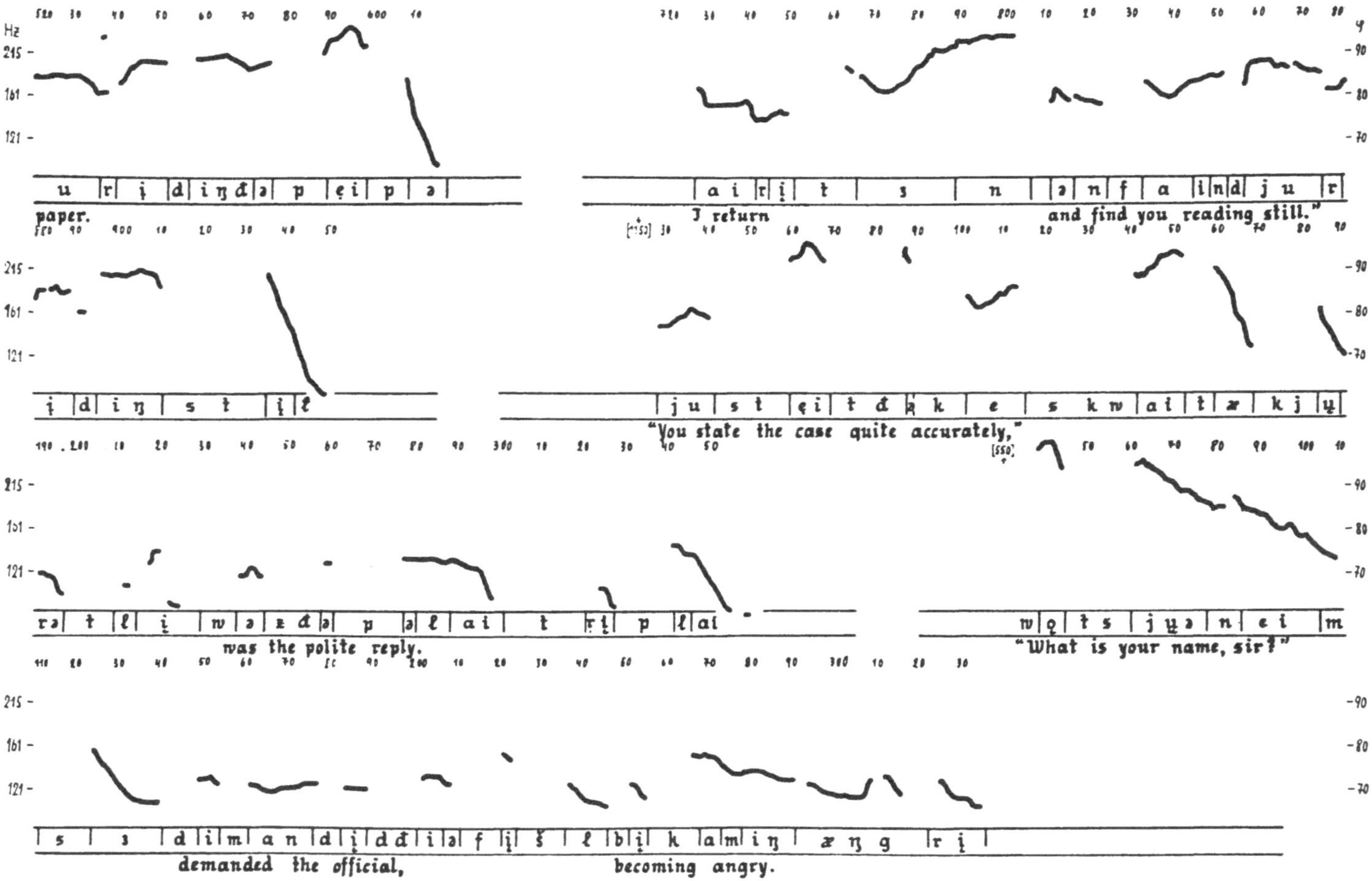
paper.
I return and find you reading still."
"You state the case quite accurately,"
was the polite reply.
"What is your name, sir?"
demanded the official, becoming angry.

963 you 964 reading 965 the 966 paper. 967 J 968 return 969 and 970 find 971 you — W

17 12,5 15,5 4,3 9,5 9 14,4 6,5·23,5 5,7 15,5 22 — cs

ju riḍiŋ đə peịpə / ai rịtɜn / ən faind ju

4,5 3,5 4,4 13 9,5 3,3·14,5 17,8 8 8,1 4,5 — cs

---

972 reading 973 still." 974 "You 975 state 976 the 977 case 978 quite 979 accurately," — W

10,5 15,2 6,5 13,7 9,8 1,8 13,8 11,4 9,5 5 8,2 15 — cs

riḍiŋ stiḷ / ju steịt đə kes kwait ækjụrətlị /

4,2 5,5 24,6 20 18 18 12,3 26 6,4 15 11,7·5,3 — cs

---

980 was 981 the 982 polite 983 reply. 984 "What 985 is 986 your 987 name, — W

6,6 3 3 13 6,6 26,6 6,1 13,9 18,3 — cs

wəz đə pəlait rịplai / wọt s jụə neim

13,5 16,4 8 19,4 14,5·3,9 15,8 3,6 8,2 7,2 — cs

---

988 sir?" 989 demanded 990 the 991 official 992 becoming 993 angry. — W

16,8 5 15,6 6,3 6,3 3,9·3,6 4,5 5,3 13 31,2 13 — cs

sɜ / dimandịd đi əfịšl bịkamiŋ æŋgrị /

12,4 6,6 6,3 11,5 9,9 11,5·10 5 12,5 4,8 — cs

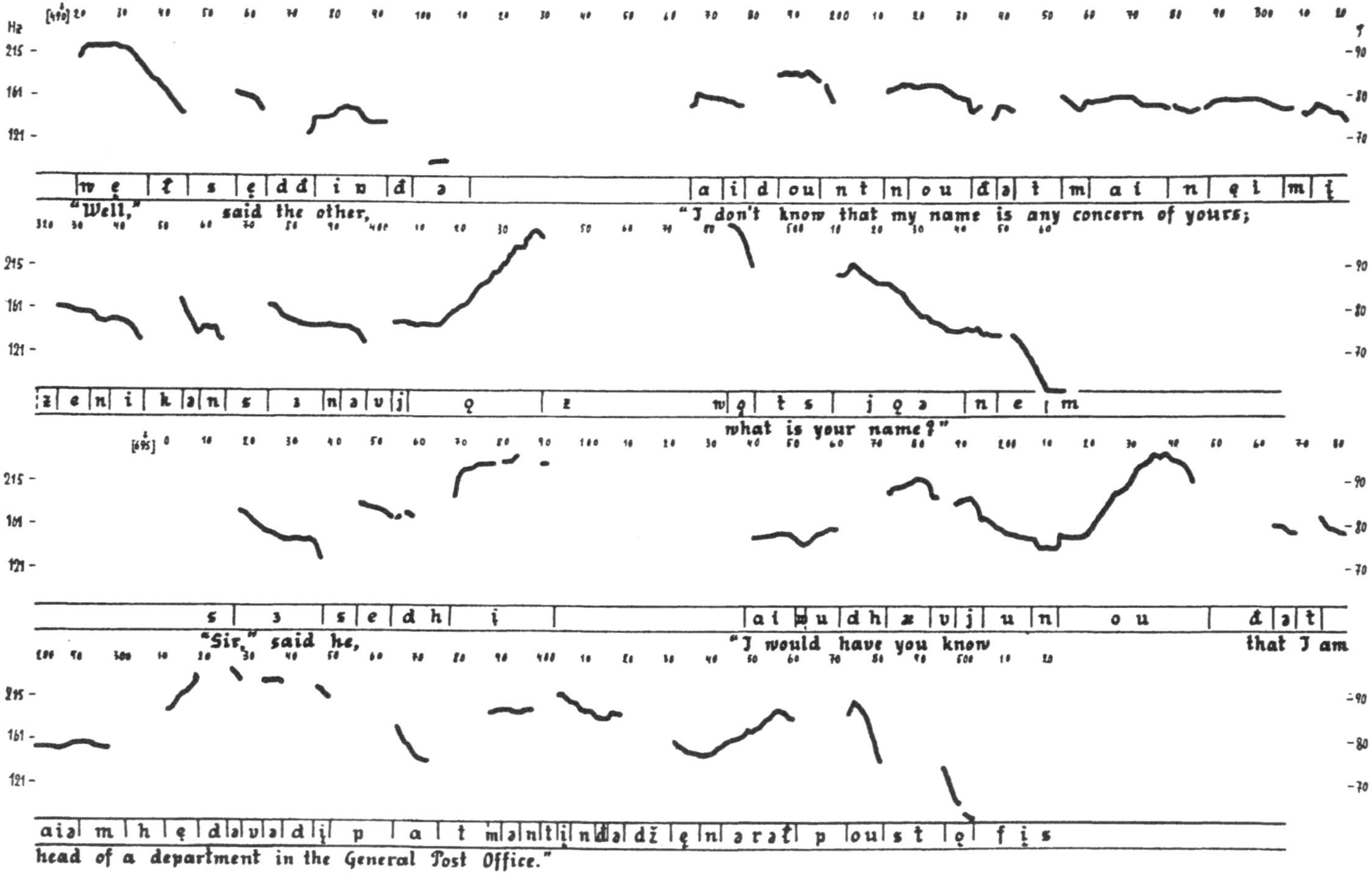
"Well," said the other, "I don't know that my name is any concern of yours;
what is your name?"
"Sir," said he, "I would have you know that I am
head of a department in the General Post Office."

994 "Well," 995 said 996 the 997 other, 998 "I 999 don't 1000 know 1001 that 1002 my 1003 name 1004 is — W

26 7 17,5 13,8 13 9,8 15 4 18,4 17,4 8,5 — cs

wẹɫ sẹd đi vđə / ai dount nou đət mai nẹim ịz

11,3 11,4 5,4 8,4 15,4 5,9 5,5 11 6,6 9,7 6,6 5 — cs

---

1005 any 1006 concern 1007 of 1008 yours; 1009 what 1010 is 1011 your 1012 name?" — W

7,5 7,5 4,2 13,2 6,2 32 6,7 31,5 11,4 — cs

eni kənsɜn əv jọz / wọt s jọə nem /

4,6 9,7 5,5-10 4 6 3,8 18,7 7,5 24 — cs

---

1013 "Sir," 1014 said 1015 he, 1016 "I 1017 would 1018 have 1019 you 1020 know 1021 that — W

20,2 7,8 24,5 12,4 8 10,3 17,6 35,4 5,4 — cs

sɜ sed hị / ai wud hæv ju nou / đət

8,5 14 2,5 11 6 6,5 5,6 — cs

---

1022 I 1023 am 1024 head 1025 of 1026 a 1027 department 1028 in 1029 the 1030 General 1031 Post 1032 Office." — W

16,5 8,3 3,2 4,5 4,2 10,2 4,4 3,7 4 6,9 8,5 6,6 — cs

ai əm hẹd əv ə dịpatmənt ịn đə džẹnərəɫ poust ọfịs /

7 9,3 6,7 5,2 7,2 15,2 12 3 8,7 6 2,4 11 7,2 12,3 14,7 — cs

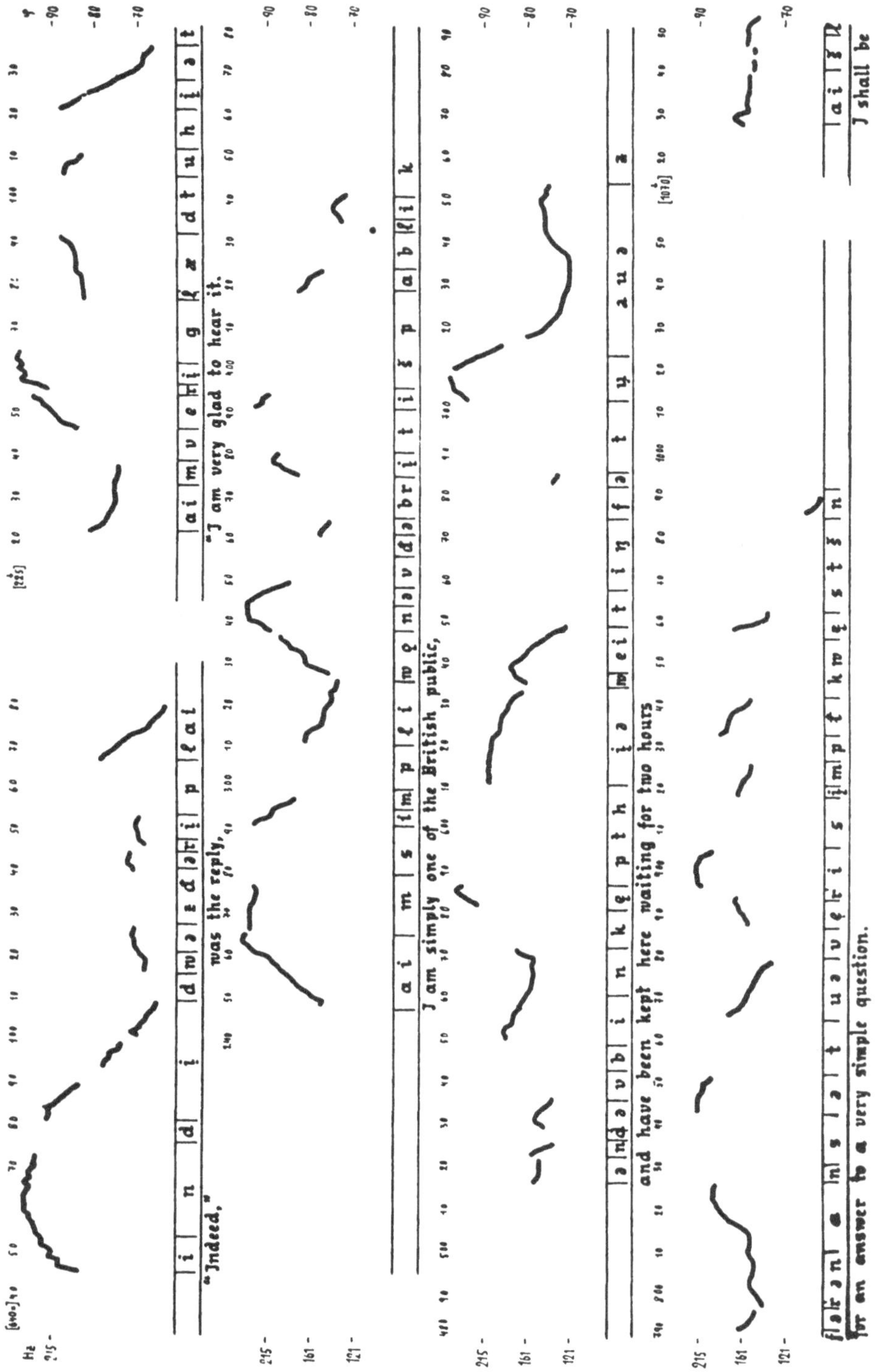
"Indeed," was the reply, "I am very glad to hear it.
I am simply one of the British public,
and have been kept here waiting for two hours
for an answer to a very simple question. I shall be

1033 1034 1035 1036 1037 1038 1039 1040 1041 1042 1043 W
"Indeed," was the reply, "I am very glad to hear it.

8,7 28 11,8 4 5,8 34 11,1 8 7,6 13,8 6,3 14,8 cs
indịd wəz ðə rịplai / ai m verị glæd tu hịə t /
22·5,3 6,3 13,4 3,1 13,5 5,8 7,4 2,7 12·1,7 13 9,4 cs

---

1044 1045 1046 1047 1048 1049 1050 1051 W
I am simply one of the British public,

17,5 4,2 15,6 9,1 4,7 4,5 5,7·4,8 5,2 5,2 cs
ai m simplị wọn əv ðə brịtiš pablik /
14,5 11,7 4,5·10,6 2,6 6 7,2 4,6 10 10,7 22,5 11,7 cs

---

1052 1053 1054 1055 1056 1057 1058 1059 1060 W
and have been kept here waiting for two hours

6 6,8 12,3 6 23,7 12,5 17 3,5 10,7 36,4 cs
ənd əv bin kẹpt hịə weiṯiŋ fə tụ auəz /
4 2,7 7,2 6,2 10 9,6 23,5 3,2 7,8 7,5 17 cs

---

1061 1062 1063 1064 1065 1066 1067 1068 1069 1070 W
for an answer to a very simple question. I shall

5,1 4,4 16,3 9,3 14,7 6,9 9 8,2 6,4 12,6 cs
fər ən ansə tu ə vẹri sịmpḷ kwẹstšn / ai šl
1,4 7,3 4,2·11,6 13 7 2,8 12,3 6,2·9,4 13,8 22,5 7 8,14,5 cs

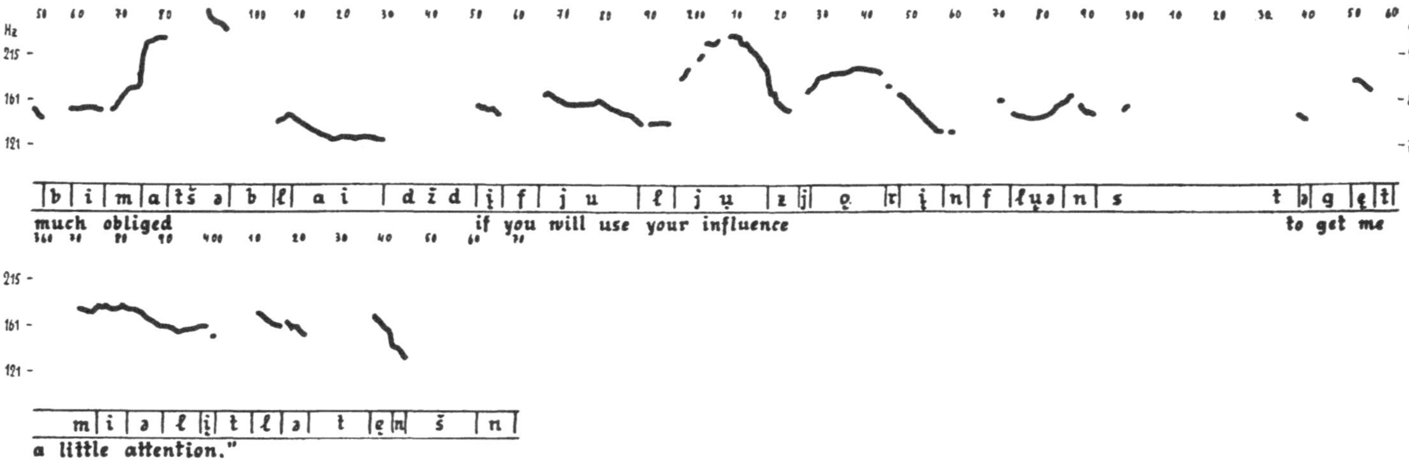
Hz
215
161
121
-90
-80
-70
b i m a tš ə b ł a i d ž d ị f j u ł j ụ z j ǫ r ị n f łụə n s t ə g ę t
much obliged if you will use your influence to get me
m i ə ł ị t ł ə t ę n š n
a little attention."

1071 1072 1073 1074 1075 1076 1077 1078 1079 1080 1081 W

be much obliged if you will use your influence to get

7,3 5,6 5 21,4 6 22,7 21,3 19,5 10,2 12 2,5 5,7 cs

bi matš əblaidžd / i̤f ju l jṳz jo̤r i̤nflṳəns / tə ge̤t

6,2 8,7 9 10,33,9 8,6 8,5 7,6 3 5,49,6 7,3 8,7 14 cs

---

1082 1083 1084 1085 W

me a little attention."

6,6 8,8 3 6,2 10,2 cs

mi ə li̤tl əte̤nšn /

5,5 8,3 8,66,4 13,8 14,4-8,5 cs

FSC
www.fsc.org
MIX
Papier | Fördert
gute Waldnutzung
FSC® C083411

Kolibri 360 GmbH
Ferdinand-Jühlke-Straße 7
99095 Erfurt, Deutschland
produktsicherheit@kolibri360.de